山東大學中文專刊

曾繁仁学术文集

中西对话中的生态美学

第六卷

人民出版社

2011年3月，在法国讲学

第八讲 西方古代和谐论"美育思想"

第一节 古希腊时期的和谐论美育思想

一、古代希腊及其特有的"和谐美" (标1)

希腊是一了半岛，三面环海，交通方便气候温和，航海也发达，形成对计算和科技的重视。特有的地理环境与航行方式促使古希腊民族擅长于印象析的科技思维的发比。而希腊本身丰岛丘陵起伏，多为幸种艰苦，形成许多城邦，经常处于战争状态。为适应艰苦的自然环境与战争的需求且古希腊体育锻炼被提到重要位置，运动会成了社交和聚会场所，著名的古希腊奥林匹克运动会就发源于此。当时的运动会均为男性参加，为此裸体举行的，也成为雕塑艺术。绘刻是裸体雕的发展提供了条件。从文化的角度来看，古代希腊哲学盛行对宇宙本体的探究，或者将宇宙的本体归结为"数"，或者归结为"火"，或者归结为"原子"，或别归结为"理念"……不一而足。使之呈现诸明的理论色彩。而带有强烈原始神秘色彩的神话在盛行，使之成为后世文学艺术的原型之一。当时的城邦民主制盛行，促进了手工业的繁荣，推动了作为艺术（art）之源的技艺的发展。总之艺术，古希腊是人类童年艺术高发发展的时代，雕塑是当时最具代表性的艺术形式，其它诸如史诗，戏剧也都相当发达。造就了古希腊和谐论美学的发展提供了高度，而和谐论美学论又成为古希腊艺术进一步发展的动力。

关于希腊古典"和谐"的内涵与其特点，美学史上最经典的概括就是温克尔曼所说的"高贵的单纯和静穆的伟大"。① 黑格尔则将其归之为古典型的雕塑美，即"内容不完全适合内容与形式（也别独立完整的统一，因而形成一种自由的联合"。② 范筹类别及其发展史上中特别归结为"和谐，在事物特殊性"。③ 总之，无论如何概括，希腊古典美的内涵都是一种和谐，形式上

D

本卷编辑说明

本卷收录《中西对话中的生态美学》一部著作。

《中西对话中的生态美学》，2012年12月作为"文艺美学研究丛书"之一，由人民出版社出版。原书收入论文31篇，是作者21世纪以来生态美学研究的代表性成果。

此次收入本文集，以人民出版社2012年版为原本，删除了与《生态存在论美学论稿》《生态美学导论》两书重复的15篇文章，篇名在本卷中存目。编者对原书进行了重新校订，整合了相关论述，核实了全书的所有引文和出处。

目　录

第二编　生 态 美 学

第三编　中国传统生态审美智慧

自　序

　　本书的 31 篇文章是从 2002 年以来发表的 80 多篇文章中选出来的。这些文章编入本书时对注释格式有所调整，文字上做了若干修订，并将它们分为美学基本理论、生态美学与中国传统生态审美智慧等 3 个部分。

　　从本书的篇目中可以看到，我近十年所做的科研工作主要是集中在生态美学研究方面的。美学基本理论主要论述了两大论题：一个是作为生态美学哲学基础的当代存在论美学。因为，从传统主客二分的认识论美学出发是无法将生态、审美与人加以统一的，只有从"此在与世界"关系的当代存在论哲学以及现象学方法出发才能将三者加以统一。另一个是中国古代的"中和"论生命哲学，这恰恰就是东方古典形态的生态哲学，完全可以为当代生态美学的丰富发展提供有力的理论资源与新的视角。

　　在生态美学方面，我主要探讨了生态美学借以产生的作为生态文明时代的后现代语境、马克思主义的生态审美观、生态美学的基本范畴、生态现象学方法、生态美学视野中的自然之美，以及生态美学对于实践美学的突破等问题。特别是将生态美学与环境美学加以区分，指出生态美学既不同于西方环境美学的以"生态中心主义"为根据的"自然全美"，也不同于西方环境美学的"人类中心主义"，而是力主一种具有中国"中和"论哲学特色的"生态人文主义"。

在中国传统生态审美智慧研究中,我着重对儒道的生态审美智慧进行了探讨,特别是对《周易》与《诗经》及中国古代绘画中的生态审美智慧进行了比较深入的探讨。生态美学作为生态文明新时代的新的美学形态,具有既适应时代又与中国传统美学相衔接的重要特点。因此,如何将生态美学的时代性与本土性相统一,创造出具有足够阐释力与民族性的生态美学话语,是我们需要继续努力的方向。

回顾十年来的经历,衷心感谢我所供职的山东大学文艺美学研究中心,以及中心所有的同人们对我的支持与鼓励,感谢学术界给予我关爱的所有朋友,感谢给我大力支持的刊物,感谢我的学生与家人。

曾繁仁

2012 年 10 月 29 日

导论　中西对话中的
中国生态美学

　　回顾我国生态美学 20 年的发展历程,真的是感慨系之。因为,国家层面已经将"生态文明建设"正式列为基本国策,并提出建设"美丽中国"的伟大构想。尽管学术界对于生态美学仍然存有异议,但它作为生态文明和生态文化建设的有机组成部分,却是已经正在进行中的事业。到底什么是生态美学呢? 我们从来都说有狭义与广义两种理解。从狭义方面来说,就是从生态系统的角度来审视自然之美;从广义的角度,它是生态文明新时代的美学。因为,哲学是时代精神的精华,作为哲学组成部分的美学是时代艺术精神的集中反映。时代的变迁必然导致艺术精神的变迁,从而导致美学精神的变迁。人类已经进入生态文明新时代,这个时代从工业革命发展而来,但又区别于工业革命的时代。无论是哲学观念、社会发展模式、经济建设模式、生活方式,还是与之有关的艺术精神,都必然逐步发生巨大变化,由此导致以"主体性""人化自然"为基本内涵的当代美学发生巨大变化。这就是生态美学产生的历史必然性与经济社会根源。中国生态美学在 1992 年前后提出,最初以介绍西方环境美学为主要任务。真正开始研究,则是生态问题已经成为我国重要社会问题的 21 世纪初期,迄今也就是十多年时间。这十多年来的生态美学研究基本上是在中西对话语境中展开的。中西对话可以说是当代,也是未来中国生态美学建设的主题。我们就从这样的角度回顾一下十多年来我国生态美学的发展历程,探讨它的未来走向。

一、中西对话的动因——共性与差异

为什么中西对话成为 21 世纪以来我国生态美学发展的主题呢? 这是由中西之间在生态美学发展中的同与异决定的。相同之处在于,生态问题是全人类共同的问题。1972 年《联合国人类环境宣言》指出:"保护和改善人类环境是关系到全世界各国人民的幸福和经济发展的重要问题,也是全世界各国人民的迫切希望和各国政府的责任。""为了这一代和将来的世世代代,保护和改善人类环境已经成为人类一个紧迫的目标,这个目标将同争取和平、全世界的经济与社会发展这两个既定的基本目标共同和协调地实现。"①因为人类只有一个地球,地球是人类唯一的家园,爱护和保护好地球的环境是全人类共同的利益所在。这种共同利益将中西各方连接在一起,使得我们对于生态环境问题有着共同的高度关注,生态环境问题也成为经济社会发展的大事与人文社会科学的重要论题。

但中西方在生态环境问题上也有着明显的差异,表现在时间、国情与文化等方面。从时间上看,西方作为发达国家对于生态环境问题的关注比作为发展中国家的中国大约早三十多年。1972 年 6 月,斯德哥尔摩人类环境会议表明,发达国家已经在经

———————

① 《人类环境宣言——联合国人类环境会议》,转引自刘彦顺主编:《生态美学读本》,北京大学出版社 2011 年版,第 23—24 页。

济社会发展上进入了生态文明时代,而中国直到 2007 年才宣布进入生态文明时代。这完全是由经济社会发展的现实状况决定的。因为,中国真正的工业化只是在 1978 年的改革开放后才开始,直到目前,这个工业现代化还处于中期,没有完成。但随着工业的快速发展,西方发达国家在 200 年来陆续出现的环境污染问题在中国短短的 30 年间集中发生了,环境问题的严重是空前的。因而,2007 年,中国国家层面正式提出进入生态文明新时代。这个事实说明,生态文明时代的到来是对于工业文明反思的结果,中国作为发展中国家也只有在工业化深入之后才开始真正反思生态环境问题。因而,西方发达国家在生态环境的理论探讨上要早于中国,生态哲学、生态伦理学、生态批评与环境美学发展得都较早,有许多值得我国借鉴之处。1927 年,海德格尔出版《存在与时间》,提出了人与世界的机缘性关系,已经解构了工业革命时代人与自然二分对立的传统模式;1962 年,蕾切尔·卡逊出版《寂静的春天》,提出"人类走在十字路口"的警示;1966 年,美国学者赫伯恩发表《当代美学及对自然的遗忘》,批判将美学仅仅归结为艺术哲学以及对自然的遗忘;1978 年,加拿大美学家卡尔松开始研究环境美学。其后,瑟帕玛、伯林特等人相继出版环境美学论著;1978 年,鲁克尔特在《衣阿华评论》冬季号发表《文学与生态学:一项生态批评实验》,首次使用"生态批评"概念。此后,生态批评与环境美学在西方逐渐成为热门学科。这些成果都成为我国生态美学发展的重要借鉴。这也是我国在生态环境理论建设中从 20世纪 90 年代开始大量介绍西方成果的原因。我国的生态美学直接地借鉴了海德格尔、利奥波德、卡逊、赫伯恩、伯林特、卡尔松与瑟帕玛等人的理论成果。

从国情上来看,一般来说,西方发达国家属于资源较为丰富的国家,而中国属于资源紧缺型国家。我国以占世界 9％的土地面积养活着占世界 22％的人口,森林与水资源的人均占有量都在世界平均水平之下,生态足迹较为紧迫,人均国民收入仍然处于低水平,经济发展和城市化的任务仍比较繁重。因此,西方有些生态环境理论在中国并不适用。

从文化方面来说,东西方文化的差异也明显存在。中国作为具有五千年文明传统的国家,有着自己特有的文化传统与生活方式。如何创建一种与中国传统文化接轨,并适应中国人民生活方式的包括生态美学在内的生态文化形态,是我们的当务之急。因此,中西交流对话是一种借鉴而不是照搬。但借鉴也是十分必要的。生态文明时代是一种相异于工业文明的后工业文明时代,如果说,在工业文明时代,西方现代理性主义占据了统治地位,中国古代的"天人合一"的哲学被视为"非逻辑",因而受到排斥,那么,在"后现代"的生态文明新时代,中国古代的"天人合一"的生态文化倒反而找到了自己的位置,并有了发挥作用的广阔天地。

二、中西对话的文化根基——
原生性与后生性

任何文化都有自己特有的文化基因,这种文化基因就是中西生态文化对话的根基。事实证明,中国古代文化是一种古典形态的生态文化,生态文化是中国的原生性文化,而西方古代则是一种商业与海洋的科技文化,生态文化对于西方来说是一种后生性文化。文化人类学告诉我们,在一定的自然地理环境中,由于长期的"调适"作用,形成了自己特有的文化形态。中国古代文化发源于东亚内陆的中原地区,属于温带大陆性气候,农耕成为中国古代的主要生产方式,这就形成了重农轻商的文化传统。农耕性经济社会形态与地理环境的"调适",就产生了人们对于"天人相和"与"风调雨顺"的期盼。这就是古代中国"天人合一"的古典生态文化产生的背景。古希腊位于欧洲南部巴尔干半岛南端,三面环水,西南临地中海,东临爱琴海,岛内山脉连绵,以航海与商业为主。在这样的经济与地理环境的"调适"下,就产生了一种特有的以亚里士多德《物理学》为代表的科技文化,是一种对于物质或精神"实体性"的追求。由此说明,中西古代是两种不同类型的地理经济与文化形态。生态文化是中国古代"原生性文化",现代生态文化与中国古代"天人合一"的原生性文化有着天然的衔接性。对于西方来说,生态文化则是一种"后生性文化",是在后工业经济社会背景下产生的,并一定程度地受到了东方古代生态文化元素的影响。无论是海德格尔对于道家"域中有四大,人为其一"的吸收,成为"老子道论的异乡解释",还是美国有机生命过程哲学家怀特海对于东方文化的友好期盼,以及著名生态文学家梭罗对于孔子"仁爱"思想的向往,等等,都说明西方现代生态理论包含着中国元素,也证明西方现代生态理论的后生性特点。正是这种原生性与后生性文化基因的相异,才使这种中西对话具有了更加深厚的文化根基。

三、中西对话的主题 ——生态与　环境之辩

十多年来,中西方在生态美学方面对话的主题就是"生态与环境"。中国美学家大都将这种生态环境的美学称作"生态美学",而西方美学家大都称作"环境美学",而且对中国学者关于生态美学与环境美学的区别的看法十分关注。笔者 2006 年在成都

国际美学研讨会上做了有关生态美学的发言,受到国际学者关于
生态美学与环境美学关系的质询。2009年,笔者在济南召开的
"全球视野中的生态美学与环境美学国际学术研讨会"上专门回
应了这些质询,但生态美学与环境美学的关系仍然是西方学者关
注的论题。美国著名生态批评理论家劳伦斯·布伊尔就在其《环
境批评的未来》一书中明确表示:"我特意避免在书名中使用'生
态批评',尽管文学—环境研究是通过这个概括性术语才广为人
知的。"原因是,生态批评在某些人看来是一种知识浅薄的自然崇
拜者的俱乐部,"环境"这个前缀胜过"生态",因其能够概括研究
对象的混杂性,更准确地体现了文学与环境研究的跨学科组合,
等等。① 对于布伊尔的说法,王诺教授与笔者都曾专门撰文予以
回应。首先,从字义上说,西文"环境"(Environment)具有"包围、
围绕、围绕物"之意,是外在于人的,是一种明显的人与对象的二
元对立。芬兰环境美学家瑟帕玛认为,"甚至'环境'这个术语都
暗示了人类的观点:人类在中心,其他所有事物都围绕着他"。②
而"生态"(Ecological)一词则有"生态学的、生态的、生态保护的"
之意,其词头(Eco)有"生态的、家庭的、经济的"之意,实际上是对
于主客二分的二元对立的解构。其次,从内涵上来说,环境美学
由于产生得较早,所以,有人类中心主义或生态中心主义的弊端;
生态美学有意识地区别于两者,力主一种将之调和的生态整体主
义,或者是更加进一步的生态存在论,人与世界是一种"此在与世

---

① [美]劳伦斯·布伊尔:《环境批评的未来》,刘蓓译,北京大学出版社2010
　年版,"序言"第9页。
② [芬]约·瑟帕玛:《环境之美》,张宜译,湖南科学技术出版社2006年版,
　第136页。

界"须臾难离的关系,更加符合生态文明时代人与自然关系的实际与要求。从中国古代文化传统来说,如上所述,中国古代文化是一种原生性的,以"天人合一"为其标志的生态文化。所以,生态美学更加符合中国古代文化传统,而环境美学与中国古代生态文化不相接轨。美国著名环境美学家伯林特参加2009年的济南"全球视野中的生态美学与环境美学"会议时听到笔者发言之后,于2012年写了《超越艺术的美学》一书,意识到:相对于环境美学(在西方更普遍)这个词,中国学者更偏爱生态美学。原因是:"在生态美学语境中,'生态'这个术语不再局限于一个特别的生物学理论,而是一种相互依赖、相互融合的一般原则。"①由此可见,中西方生态美学界关于生态与环境之辨,不仅仅是简单的字词之争,而是传统人类中心论与生态整体论或生态存在论的基本哲学理念之争。

四、中西对话的哲学内涵——主客二分与生态整体

中国学者提倡的生态美学与西方学者从事的环境美学之争,在哲学上实际是一种主客二分认识论哲学模式与生态整体论哲学模式之争。当然,也不完全如此。例如,海德格尔的存在论哲学倡导的"此在与世界"之关系,就是一种新的人与世界(自然生态)须臾难离的生态存在论哲学模式;伯林特以现象学为哲学基础的"自然之外并无一物"与"参与美学"等也是一种新的存在论

————————

① [美]阿诺德·伯林特:《超越艺术的美学》,英国阿什盖特出版社2012年版,第140页。

生态美学观。但有些环境美学理论，仍在一定程度上保留着主客二分的传统认识论思维模式。有的是力主一种人与环境对立的人类中心主义，上文所说瑟帕玛的"人类在中心，其他事物环绕着他"的观点就有这样的遗痕；卡尔松的"自然全美论"也包含某种生态中心论，在一定程度上将人与自然分割开来。无论是人类中心论，还是生态中心论，实际上都是主客二分的，是会导致人与自然生态的对立。中国学者的生态美学是一种调和两者的生态整体论，或曰生态存在论。这种哲学与美学观是对于传统工业革命时代之认识论哲学的超越，是力主人与自然生态的兼顾与统一。实际上，也只有在新的存在论哲学基础上人与自然、人文与生态才能够得到真正的统一。因为，传统认识论是以"主体与客体"的二分对立为其哲学前提的，而存在论之"此在与世界"的关系则是一种"人在世界之中"的崭新模式，人与自然是一种超越了认识、功利的机缘性关系，两者在这种机缘性关系中才能够真正构成不可分割的整体。需要说明的是，中国古代的"天人合一"哲学观也是一种"位育中和""诞育万物"的古典形态的东方式存在论哲学与美学。因此，中国生态美学的哲学支撑是两个相互有关但又有区别的哲学理论：西方存在论哲学与美学以及中国古代的"天人合一"的"中和论"哲学与美学，内涵特别丰富。

五、中西对话的美学话语建设——"中和"论"生生"之美与生态存在之美的会通

　　中西生态美学对话最后落脚在有中国特色的生态美学话语建设之上。这不仅关系到学科领域的话语权问题，更为重要的是

作为人的审美的生存方式之表达的美学,理应寻找到一种适合本国文化需要的理论话语。这种话语不一定是完全从中国文化传统中获取,可以吸收中外一切有用的理论资源,也就是说,可以是亦中亦西,甚至是不中不西,只要具有理论的适应性即可。当然,我们首要从中国自己的传统文化中寻找这种资源。上面说到,生态文化在中国古代是一种原生性文化,生态文化在中国这种内陆的农业社会具有深厚的根基。当然,从理论形态上看,它不是以当代的"生态"的字样出现,但其实质却是古典形态的生态文化,其典型表现就是大家熟悉的"天人合一"。所谓"天人合一",就是道家所言"道生一,一生二,二生三,三生万物。万物负阴而抱阳,冲气以为和"(《老子·四十二章》),亦即以"道"为本源的"天人相和,阴阳相生"。正如《周易》所说,"天地之大德曰生"(《周易·系辞下》),"生生之谓易"(《周易·系辞上》)。"生生"是一种使动结构,前一个"生"为动词,后一个"生"为名词,是使万物生长茂盛之意,正是中国古代"中和"论"生生"之美的要义,是其所包含的中国古代生态审美思想之处。由此,"中和"论"生生"之美成为中国古代生态美学的典范表述。"天人相和,阴阳相生"是中国自远古即有之思想,具有本源性特点,几乎涵盖中国古代儒道各家,是轴心时代中国思想智慧对于人类的重要贡献。

　　生态存在论美学是海德格尔在1927年的《存在与时间》一书中首次提出的,主要表述为"此在与世界"的机缘性关系,是一种"在世界之中存在"之意,而"在之中"根据海德格尔的考证是一种"居住""逗留"之意,①包含着人与自然一体的生态思想。但这

①［德］马丁·海德格尔:《存在与时间》,陈嘉映、王庆节译,生活·读书·新知三联书店1987年版,第67页。

种"此在与世界"的关系,仍然包含着"世界统治大地"的明显的人类中心主义色彩。1936年,海氏接触到道家思想并加以吸收后,明确提出"天地神人四方游戏"之说,才真正走上人与自然机缘性和谐相处的生态美学之途。据有关专家考证,海氏的"天地神人四方游戏"明显受到了道家"域中有四大,人为其一"(《老子·二十五章》)的影响。其实,海氏对于道家思想的吸收还有很多,说明海氏的生态存在论美学观是在中国古代"中和论生生之美"的影响下产生的,这其实已经是一种对话,是一种早期的对话,是西方对于东方文化的吸收和创新。20世纪后期,特别是21世纪初,我们中国学者发现了海氏的生态美学思想,发现了他的"此在与世界""天地神人四方游戏"之说,发现了他的有关人与自然机缘性关系的重要论述,当然,我们还发现了五光十色的环境美学理论与文学生态批评理论,于是统统加以吸收,创建中国自己的生态美学理论。这是又一次生态美学领域的学术对话。这次对话有一个新的语境,那就是我们的时代已经进入"后工业文明"即"生态文明时代",在这样的时代中国古代文化遇到新的机遇,那就是在工业革命时代讲究工具理性与逻各斯中心主义,中国古代的非逻辑与非理性哲学与美学思想常常被西方学术界排斥,那么在这样的对工具理性进行新的反思的新时代,中国包括"中和论生生之美"在内的各种哲学与美学思想将会发挥出弥补工业革命科技文化弊端的重要作用,成为在某种程度上拯救文明危机的良方。我们正是在这样的背景下来研究中西方生态美学的对话及其话语建设。这里需要说明的是这是一种会通中西的新的美学话语,是一种对于工业革命时代物质之美的超越。我们简要地将其内涵概括如下:第一,栖居之美。这是海德格尔首先提出的,所谓"人诗意地栖居在大地上",

是对于工业革命时代"人的科技的栖居"的反拨和补正,也是对于人的生存之美的强调。所谓"诗意地栖居"表述了一种人与自然的相融相和的亲密关系,是人的一种怡然自得的生存状态。在这里将生存之美放到美学的突出位置,同时也将"时间概念"引入美学领域,审美是一种过程,是伴随着生命节奏的生存状态。同时,在"栖居之美"中也将"空间概念"引入审美,审美是一种人在空间之中的感受。这样,就超越了传统的静观美学,变成一种在时间与空间中的生命之美。只有人与自然的相融相和才能达到诗意栖居的境界,而完全凭借科技的栖居,是一种带有机械的物质计算性的栖居,是一种与生命活动以及生存活动相违背同时也与人性相违背的栖居。当然,"诗意地栖居"也与中国古代的生生之美密切相关。所谓"生生之美"就是一种《周易》所言"元亨利贞四德之美",在这里"元者善之长也,亨者嘉之会也,利者义之和也,贞者事之干也",都说的是人的美好生存状态。这种美好生存状态的形成是以"天人之和"的自然生态为其前提的。所谓"保合太和乃利贞""君子黄中通理,正位居体,美在其中""天地交而万物通也,上下交而志同也""致中和,天地位焉,万物育焉"。以上都说明,天地各在其位,风调雨顺,万物昌茂,人民生活幸福安康,这就是一种美的境界。第二,家园之美。这也是海氏首先提出的一个非常重要的美学概念。他于1943年6月为纪念诗人荷尔德林逝世100周年所作题为《返乡——致亲人》的演讲中明确提出美学中的"家园之美"。他说:"在这里,'家园'意指这样一个空间,它赋予人一个处所,人唯有在其中才能有'在家'之感,因而才能在其命运的本己要素中存在。这一空间乃由完好无损的大地所赠予。大地为民众设置了他们的历史空间。大地朗照着'家园'。如此这般照着的大地,乃是第一个家园'天使'。"①在 1927 年的《存在与时间》中海氏深刻地批判了资本主义制度下人失去"家园"的"无家可归"与"茫然失其所在"的现实。总之,在海氏看来,"家园之美"是大地赠予的人与自然生态的无比亲切难离的关系,是一种特殊的符合人的本己因素的自由自在的"在家"之感,一种没有任何疏离的历史空间。这是对于自然之美的新的见解,说明自然之美绝非实体之美,也非"人化自然"之美而是人与自然生态的关系之美,一种共同体之美。"家园之美"就是一种包括人类在内的稳定、和谐与美丽的生态共同体。中国古代的"天人合一""天地人三才之说"。所谓"有天道焉,有人道焉,有地道焉。兼三才而两之,故六"。天道、地道与人道构成完整的"三才"之整体,在天地相交物泰民安的情况下形成人类的美好家园,所谓"天地交而万物通""保合太和乃利贞"。与其相反的情况则不利于人类生存繁育,即为"天地不交万物不通,上下不交天下无邦",为"否卦"也。也就是说,中国古代的"家园之美"是紧密地与自然生态之风调雨顺、万物繁茂、物产丰富、国泰民安等联系在一起的,更多地包含了自然生态的亲和形成的人的美好生存。第三,生命之美。在传统的西方美学中更多的是一种物质的比例、对称与和谐之美,是一种静态的美。工业革命后期,19 世纪末,逐步出现超出这种物质的静态之美的生命哲学与美学,那就是柏格森、叔本华与尼采的生命意志论哲学与美学。他们的生命哲学与美学最大的特点是将时间概念引入了审美,强调"生命之流",但其弊端是突出了"有意识的存在者"即人,也就是将人的生命摆到了突出位置,没有走出人类中心主义。而 20

①［德］马丁·海德格尔:《荷尔德林诗的阐释》,孙周兴译,商务印书馆 2000 年版,第 15 页。

世纪中期之后的生态美学与环境美学却是从生命平等的视角来论述生命之价值与意义。卡尔松在论述审美的"浅层含义"与"深层含义"的区别时以塑料的"树"为例说明。他说:"我承认在某种意义上这些'树'可能像真正的事物一样在审美上令人愉悦。这是浅层含义。如果这些'树'是完美的复制品,它们将具有一种自然的表象和形式,非常类似于真正的树,因此在浅层含义上同样令人审美愉悦。……我认为如果我们发现塑料的'树'在审美上不被接受,主要是因为它们不表现生命价值。"①由此说明,当代某些环境美学家是抛弃了人类中心主义的生命观的。而另一位环境美学家伯林特则从主体的视角论述了审美的生命的参与。他说:"所有的这些情形给人的审美感受并非无功利的静观,而是身体的全部参与,感官融入到自然界之中并获得一种不平凡的整体体验。敏锐的感官意识的参与,并且随着同化的知识的理解而加强,这些情形就会成为黑暗世界里的曙光,成为被习惯和漠然变得迟钝的生命里的亮点。"②这是一种生命参与的生态的审美状态。中国古代"中和论生生之美"本身就是一种生命论美学,诸如"天地之大德曰生""生生之为易""和实相生,同则不继",等等。这种东方式的生命美学是以自然生态为其前提的,所谓"天地位焉,万物育焉""正位居体,美之至也",等等,都告诉我们只有在天地阴阳各在其位,得以天地相交、阴阳相生的情况下,万物生命才得以繁茂昌盛,世界才呈现一片美丽的景象。也就是说,中国古

①［加］艾伦·卡尔松:《环境美学——自然、艺术与建筑的鉴赏》,杨平译,四川人民出版社 2006 年版,第 213 页。

②［美］阿诺德·伯林特:《环境美学》,张敏、周雨译,湖南科学技术出版社2006 年版,第 154 页。

代的"中和论生生之美"是一种真正的生态之美,足以成为当代生态美学生命之美的重要内涵。第四,天地境界之美。对于生态美学所力主的人类必须达到一种天地的审美境界应该是一种中国的言说,但西方现代也有类似的表述。海德格尔的"天地神人四方游戏"说的就是一种"天地境界",但与其所受道家影响已经是十分明显的事情。中国古代中和论生生之美其实就是一种对于天地境界的强调并以其为前提。因为,儒家所言"天人合一""己所不欲,勿施于人""民胞物与";道家所言"道法自然""域中有四大,而人居其一焉";《周易》所言"天地人三才之说"等都是讲的一种"天人境界",王国维专门融汇古今在其《人间诗话》中提出著名的"境界说"。冯友兰更是在当代语境下提出著名的"天地境界"之说。他按照高低将人的境界分为自然境界、功利境界、道德境界与天地境界四个层次。对于"天地境界",他说道:"最后,一个人可能了解到超乎社会整体之上,还有一个更大的整体,即宇宙。他不仅仅是社会一员,同时还是宇宙一员。他是社会组织的公民,同时还是孟子所说的'天民'。有这种觉解,他就为宇宙的利益做各种事。这种觉解为他构成了最高的人生境界,就是我们所说的天地境界。"①天地境界说的是生态文明时代人所应具有的崇高的文化与审美素养,要站在天地生命利益的高度审视人与自然生态的共生共存,而不能仅仅为了一己一国的私利。这是一种文化的审美的态度,也是一种最重要的建设生态审美世界的前提。人的美,人的文化与审美自觉,是最重要的! 这正是中西对话需要达成的真正共识。

---

① 冯友兰:《中国哲学简史》,涂又光译,北京大学出版社 1995 年版,第291 页。

六、中西生态美学对话的艺术建设——"理性显现的艺术"与"自然生态的艺术"

中西对话还要落实到艺术建设之上,艺术的生态批评是生态美学建设的基础之一。当然,我们只能从整体上来比较中西艺术与生态的关系,也就是说,主要从中西古典艺术的视角加以比较,不可能非常的细化。从总体上来看,西方艺术是一种理性显现的艺术,主要借助了作为西方古典美学与艺术之总结的黑格尔的著名命题:美是理念的感性显现。当然,这主要从西方艺术经历了比较充分的工业革命理性主义时代的发展历程来说。从理论表述来看,西方历来认为"美是比例,对称,和谐""希腊艺术的优点在于高贵的单纯与静默的伟大""美是感性认识的完善""美是理念的感性显现",等等,审美与艺术都与理性的显现密切相关。在绘画上诚如达芬奇所言"绘画乃是科学和大自然的合法的儿子""美感完全建立在各部分神圣的比例关系上";小说则要求做到"典型化"——个性表现共性(别林斯基);音乐所表现的则是"永恒的无限的理想"(瓦格纳);关于建筑,文艺复兴时期著名建筑理论家阿尔伯蒂认为建筑之美就是"各个部分的和谐"。而与之有差异的是中国古代艺术则是一种自然生态的艺术。中国传统绘画实际上是一种自然的生态的艺术形式。它所运用的工具"笔墨纸砚"文房四宝完全是从自然界获取的,所遵循的"自然"的创作原则是通过笔墨、画白等阴阳对立统一所表现出的艺术力量,而其特有的"散点透视"则是以自然生命活动为出发点的"步步可观"的透视原则,"气韵生动""外师造化中得心源""笔在意先"与

"可行、可望、可游、可居"的美学原则更是一种以自然为友的美学原则。在诗学上,刘勰在《文心雕龙·原道》中明确指出,"为五行之秀,实天地之心,心生而言立,言立而文明,自然之道也",要求为文必须遵循"自然之道"。而"风雅颂赋比兴"同样是表现了诗歌与自然的紧密难离的关系,"风"是一种反映自然生命状态的民歌,所谓"风从虫,七日而化";"雅者"夏也,为夏地的民歌;"颂"则为祈天降福之歌;所谓"赋"乃直陈对于自然社会的感受;"比兴"均为以自然为友的创作手法。中国古代建筑更是遵循"法天象地""座南朝北,养生护生"之原则,是一种自然生态的艺术。总之,从中西艺术的比较看有着比较明显的区别,完全可以互相欣赏,互相补充,发展出更加符合新时代的自然生态艺术。

七、中西对话的实践维度——对于城市美学的拓展

　　西方环境美学的一个非常重要的特点就是它的"介入性",诚如伯林特所言,"环境美学的介入性特征体现出对传统理论的另一种原则的挑战,这种原则就是审美非功利的观念"。又说,"环境美学可以被视为审美鉴赏的传统形式与将美的艺术排除在外的其他统治性领域(诸如陶艺和其他工艺、设计、都市和地区规划、日常生活的环境、民间与流行艺术及来自人类文化的各种其他活动)中有意义的审美价值之间的桥梁"。① 另一位环境美学家卡尔松则更加明确地认为,环境美学应该延伸到整个环境领

---

① [美]阿诺德·伯林特主编:《环境与艺术:环境美学的多维视角》,刘悦笛译,重庆出版社2007年版,第19—20页。

域,"不仅包括自然环境,也包括着各种受人类影响的或由人类所构建的环境"。① 城市作为人类构建的环境被必然包含在环境美学之中。因此,西方环境美学中包括大量的城市美学与景观美学的内容。西方环境美学的这种"介入性"及其对于城市美学的包含值得我们重视与借鉴。尤其在未来 20 年中国大规模城市化的进程以及刚刚出现的雾霾天气之笼罩 17 个省市一周之久的严重状况,使得我们不得不将城市美学作为中国生态美学的必然组成部分,这应该是中国美学工作者的责任所在。如果我们美学工作者在城市美学的研究中有所建树,能够为每年一个百分点的城市化进程的良性健康发展有所贡献,那就是我们当代生态美学学术研究的重要作用的体现。首先需要说明的是城市化美学所研究的城市环境尽管是人造环境,但仍然属于生态美学的范围之内。因为城市这个"环境"并不是与人疏离的环境,而是与人的生存密切相关的环境,是人得以"栖居"的环境,应该符合生态美学的基本要求,具有一种"栖居之美"与"生命之美"。西方环境美学对于这种"栖居之美"进行了深入的论述。波林·冯-邦斯多尔夫在《城市的繁荣与建筑艺术》中专门论述了城市美学的"栖居美学",认为"审美地反思栖居,对从广度和深度上理解审美价值是卓有成效的"。同时,他提出了"栖居美学"的四个关键词:给予性、诱惑性、包容性和可辨认性。所谓"给予性"即是"环境在可能性方面提供了什么以开展活动及满足需要",诸如在休息、营养、审美、社会和文化方面给予人们提供的满足和需要等。所谓"诱惑性""可理解为一种特殊的给予或环境的允诺",是"在场背后的有意

---

① [加]艾伦·卡尔松:《自然与景观》,陈李波译,湖南科学技术出版社 2006
　年版,第 2 页。

味的因素"。诸如菜香花香、咖啡馆的私语、历史的废墟等对于人的嗅觉、听觉、视觉与好奇心产生的诱惑等。所谓"包容性""反映了栖居者对其生活环境的照管"，"正在为环境而做某事"。它一方面表达了栖居者与环境的亲密关系与奉献，另一方面给参观者带来了愉悦，"栖居者与他们周围环境的深厚关系也为其他人创造了更多可居住性"。所谓"可辨认性""包括方位和易辨认的特征，因此也包括在一个环境中找到道路的能力"，等等，"提高了使人舒适惬意以及更好地利用城市空间的可能性"。中国传统文化中可以找到许多相异于西方同时又特具价值的城市美学资源，①吴良镛院士将之概括为"有机生存论城市美学"，是一种中国式的"有机关系模式"，将中国古代哲学中的"有机性""生命力"与"生存性"引入城市美学领域，以城市充满生气、有利于人的美好生存为其旨归。具体包括这样五个方面：第一，天人相和，顺应自然；第二，阴阳相生，灌注生气；第三，吐故纳新，有机循环；第四，个性突出，鲜活灵动；第五，人文生态，社会和谐。以上可以说是中国特色的城市美学或"栖居美学"的要义，完全可以使我国的城市化走上健康之路，使我国人民美好生存。

　　总之，中西对话是一种发展我国生态美学的行之有效的途径，可以通过这条途径达到世界视野、国外资源与中国经验的良好结合，创造出有中国特色的新的生态美学理论话语，贡献于美学学科建设，也贡献于我国当代生态文化建设。

---

① ［美］阿诺德·伯林特主编：《环境与艺术：环境美学的多维视角》，刘悦笛译，重庆出版社2007年版，第114—117页。

第 一 编

美学基本理论

试论当代存在论美学观

（参见第四卷《生态存在论美学论稿》第 385 页）

试论文艺美学学科建设^①

　　文艺美学是在我国新时期改革开放之初的 1980 年由中国学者胡经之教授提出的,它是一个极富中国特色的新兴学科。正如文艺理论家杜书瀛研究员所说:"文艺美学这一学科的提出和理论建构,是具有原创意义的。虽然它还很不完备,但它毕竟是由中国学者首先提出来的,首先命名的,首先进行理论论述的。"^②从 1980 年至今,20 多年来,经过几代美学工作者的努力,文艺美学已经成为被广泛认同的我国文艺学、艺术学和美学高层次人才的科学研究方向,正式列入了教育部培养研究生学科专业目录,全国重要高校大多开设文艺美学必修课或选修课,专职从事文艺美学教学科研的人员数以千计,文艺美学学科呈现繁荣发展之势。

　　文艺美学学科的产生绝不是偶然,是 20 世纪 70 年代以来,中国和世界思想文化与美学、文艺学学科发展的必然结果,也是我国改革开放新形势下美学与文艺学领域拨乱反正的必然结果。从 20 世纪 50 年代后期以来,我国美学与文艺学领域受极"左"思潮影响日益严重,极端化了的"文艺为政治服务"的口号占据了绝

---

①原载《学习与探索》2005 年第 2 期。
②杜书瀛:《文艺美学的教父》,见深圳大学文学院编:《美的追寻——胡经之学术生涯》,北京大学出版社 2003 年版,第 41 页。

对统治地位。十年"文化大革命"更是走向践踏一切优秀文化的地步,以其所谓政治取代一切,将一切美与艺术统统宣布为"封资修"而予以扫荡。这样的被扭曲的历史,终于在1976年以后,特别是1978年改革开放之后结束了。随着政治领域的拨乱反正,美学与文艺学领域也相应地拨乱反正。这就是对十年"文化大革命"极"左"美学与文艺学思想的批判,是对美与艺术应有地位的恢复。文艺美学正是这一拨乱反正的产物,是对美与文艺这一人类文明表征的应有尊重。如果说,20世纪50年代后期以来,特别是十年"文化大革命"是对美学与艺术应有地位的严重偏离,那么,新时期之初"文艺美学"的提出,则是向其应有地位的回归。

文艺美学学科的产生也是中国学者长期思考如何总结中国古典美学经验,将其运用于现代,并介绍到世界的一个重要成果。宗白华先生在20世纪60年代初就指出:"研究中国美学史的人应当打破过去的一些成见,而从中国极为丰富的艺术成就和艺人的艺术思想里,去考察中国美学思想的特点。这不仅是为了理解我们自己的文学艺术遗产,同时也将对世界的美学探讨,作出贡献。现在,有许多人开始从多方面进行探索和整理,运用了集体和个人结合的力量,这一定会使中国的美学大放光彩。"①宗白华先生还谈到,在西方,美学是大哲学家思想体系的一部分,属于哲学史的内容,是哲学家的美学。但中国美学思想却是对艺术实践的总结,反过来影响艺术的发展,如谢赫的《古画品录》、公孙尼子的《乐记》、嵇康的《声无哀乐论》,等等。当然,还有宗先生没有谈到的大量的文论、诗论、乐论、画论、园林建筑论,等等。因此,可以这样说,中国古代的确极少有西方那样的哲学美学,但却有着

---

① 宗白华:《艺境》,北京大学出版社1987年版,第275页。

极为丰富的文艺美学遗产。对于这些遗产的发掘整理与当代运用，一直是诸多美学家与文艺学家的强烈愿望。在新时期之初，在冲破各种樊篱的良好学术氛围中，文艺美学学科的提出恰恰反映了宗白华先生等广大中国美学家总结弘扬中国古代特有的美学传统的强烈愿望，因而得到了广泛的认同。

文艺美学学科的产生也是我国美学与文艺学领域经历的由外向内转向的反映。20世纪40年代以来，我国美学与文艺学领域在研究方法上侧重于政治的、社会的分析，出现政治标准高于艺术标准这样的明显倾向，后来，干脆以政治标准取代艺术标准。1978年新时期以来，美学与文艺学领域开始纠正偏颇的美学与文艺学思想。随着"文艺为政治服务"理论的不再提倡，学术领域出现了明显的由外向内转向的趋势。这就是美学与文艺学的研究由侧重社会政治的外部研究转向侧重艺术与形式的内部研究。于是，盛行于西方20世纪50年代的新批评理论家韦勒克和沃伦的《文学理论》开始流行，学术界对文学艺术的内在的审美特性及其规律重新重视。这也成为文艺美学得以产生的重要学术背景。

从更宽广的世界思想文化与哲学背景来看，文艺美学的产生同20世纪以来世界范围内由抽象的思辨哲学—美学到具体的人生美学的转变有关。众所周知，整个西方古典美学从柏拉图开始都侧重于"美本身"（即美的本质）的探讨，发展到德国古典哲学与美学，更演化成完全脱离生活实际的有关美的本质（美的理念）的抽象逻辑探讨。1831年黑格尔逝世，宣告了德国古典哲学与美学的终结。从叔本华开始，直到20世纪初期的克罗齐、尼采，乃至此后的诸多美学家，逐渐展开对抽象思辨哲学—美学及与其相关的主客二分思维模式的突破，从抽象的本质主义逐渐走向具体的艺术与人生。因此，整个20世纪的美学与文艺学主潮，抽象的美与艺术之本质主义探讨式微,对具体的审美与艺术的探讨成为不可阻挡的趋势。李泽厚先生在概括这一世界美学与文艺学发展趋势时,指出:他们"很少研究'美的本质'这种所谓形而上学的问题,主要集中在对艺术和审美的研究上。审美的研究也主要通过艺术(艺术品、艺术史)来验证和进行"。① 文艺美学恰恰是对我国长期以来美学领域局限于本质研究的一种反拨。我国20世纪50至60年代和70至80年代的两次大的美学讨论,都存在脱离生活与艺术的严重缺陷,无论是客观派、主观派、主客观统一派,还是社会性派,都将自己的理论支点放到抽象的美与艺术本质的探讨之上,对鲜活生动的文艺事实与实际生活置之不顾。文艺美学恰恰是对这种偏向的纠正。正如文艺美学的提出者胡经之教授所说:"从我自己的体验出发,如果美学只停留在争论美是客观的还是主观的这样抽象的水平上,这并不能解决艺术实践中的复杂问题。审美现象,乃是一种特殊的社会现象。美学,要研究审美现象,实乃审美之学,必须揭示审美活动的奥妙。人类的审美活动产生于实践活动(生产、交往、生活等实践),这审美活动又生发为艺术活动。"②

　　关于文艺美学的学科定位,目前有文艺美学是美学的分支学科,是美学与文艺学的中介学科,是艺术哲学,是美学、文艺学与艺术学之边缘学科等多种界定,大约有七八种之多。当然,也有的学者完全否定文艺美学学科存在的合理性与必要性。他们认为,文艺美学最多只是美学学科中的一个重要理论问题。这些意见均应共存,继续进行讨论。我们认为,文艺美学学科是

---

①李泽厚:《美学三书》,安徽文艺出版社1999年版,第547页。
②胡经之:《胡经之文丛》,作家出版社2001年版,第41—42页。

20世纪80年代产生的一个正在建构中的新兴学科。它既不是美学与文艺学的分支学科,也不是两者之间的中介学科,更不同于传统的艺术哲学,而是既同文艺学、美学、艺术学密切相关,但又同它们有着质的区别的正在建构中的新兴学科,具有明显的建构性、交叉性、跨学科性和开放性。所谓建构性,是从皮亚杰发生心理学借用的一个概念,是对知识形成过程的一种科学描述,它着重强调主体与对象的相互作用。作为文艺美学,其建构性表现在学科本身由众多美学工作者积极参与,还表现在这个学科正处于构建过程中。所谓交叉性,说明文艺美学学科所特具的对美学、文艺学和艺术学各有关内容的包含和兼容。正由于其交叉性,才决定了它的跨学科性。不仅跨越以上学科,而且跨越教育学、心理学、社会学,等等,充分体现了现代新兴学科的特质。正因其是建构的,所以是开放的、动态的,是处于不断发展之中的。过去、现在和将来都已经或将要吸收众多文艺美学工作者的科研成果,它永远是这一学者群体集体研究的产物。华勒斯坦认为:任何学科"必须拥有一个有机的知识主体,各种独特的研究方法,一个对本研究领域的基本思想有着共识的学者群体"①。按照这样一个标准,文艺美学已具有以艺术的审美经验为基本出发点的理论体系和审美经验现象学的研究方法,以及正在形成的学者群体,基本具备华氏对一个学科所提出的要求。因此,我们完全可以将其称为一个正在建构中的新兴的学科。

　　当代文艺美学学科之所以能够成立,最重要的是它具有自己

---

① [美]华勒斯坦等:《学科、知识、权力》,刘健芝等编译,生活·读书·新知三联书店1999年版,第13页。

特有的有机的知识主体,或者也可以叫做是自己特有的理论体系。这个理论体系之重要表征就是具有自己特有的理论出发点。这一点是非常重要的,因为否定文艺美学学科具有独立存在价值的最重要根据,就是认为它没有自己特有的理论出发点,因而构不成自己的理论体系。苏联美学家鲍列夫就明确提出不赞成"文艺美学"这一提法,其理由之一就是认为文艺美学没有自己特定的独有的对象,因为美学就是研究各种艺术领域的美学问题,如果文艺美学也研究这些问题,就没有存在的必要。这种看法颇具代表性,也由此可以看出探索文艺美学特有理论出发点之必要。

目前,在文艺美学的理论出发点上可谓众说纷纭、异彩纷呈。有的将其仍然归结为文学艺术审美本质的研究;有的从分析审美活动着手剖析其艺术把握世界的方式;有的着重探索文艺主客体具体关系的存在方式,双重主客体的组合;有的从人类学这个视角考察和揭示文艺的审美性质和审美规律;有的从文艺本质入手着重论证文艺的结构之"再理解—表现—媒介场"三个层次,等等。以上只是举其代表者,不可能一一涉及。应该说,这些探索均有其道理和价值。我们认为,最重要的是要符合文艺美学这一新兴学科提出的主旨,符合其产生的时代特征,具有鲜明的时代感。前已说到,文艺美学学科是在改革开放的新形势下,在世界和中国哲学—美学转型的背景下,突破极"左"思潮和主客二分思维模式,充分反映中国传统美学特点的产物。因此,文艺美学学科的理论出发点就应放到这样的背景与前提下来思考。由此,我们将文艺美学学科的理论出发点确定为文学艺术的审美经验。

这个审美经验包含这样两个部分:一个是直接经验,就是审美者对文学艺术作品直接的审美体验，既包含历史上既有的审美意识资源，如莱辛之读《拉奥孔》，王国维之读《红楼梦》，也包含研究者本人对文艺作品直接的审美经验，这就是英国美学史家鲍桑葵所说的审美意识。另一方面的内容是间接经验，就是对各种文艺美学理论形态的研究，这是属于他人的经验，特别是众多理论家的经验，一般具有很高的水平，也是非常重要的。以往的美学、文艺学和艺术学都以此为研究内容，文艺美学学科却不仅局限于此，还将直接的审美经验包括其中，这就使美学研究直接面对审美经验，从中提炼出美学思想与审美意识，而不再完全是隔靴搔痒，从而使文艺美学学科具有了强烈的时代感、当代性与个性，以及可读性。这样一来，对研究水平的要求也就提高了。美学工作者应该努力提高自己的理论水平与审美素养，从而使自己的审美经验具有更多的社会历史内涵与时代意义。我们之所以将文学艺术的审美经验作为文艺美学学科的理论出发点，十分重要的原因是同当代哲学与美学的转型密切相关。前已说到，从 19 世纪后期开始，特别是 20 世纪以来，哲学与美学领域发生巨大的变化，即由思辨哲学到人生哲学，由对美的本质主义探讨到具体的审美经验研究的转型。诚如李斯特威尔在《近代美学史评述》中所说："整个近代思想界，不管它有多少派别，多少分歧，却至少有一点是共同的。这一点也使得近代的思想界鲜明地不同于它在上一个世纪的前驱。这一点，就是近代思想界所采用的方法。因为这种方法不是从关于存在的最后本性的那种模糊的臆测出发，不是从形而上学的那种脆弱而又争论不休的某些假设出发，不是从任何种类的先天信仰出发，而是从人类实际的美感经验出发的，而美感经验又是从人类对艺术和自然的普遍欣赏中，从艺术家生动的创作活动中，以及从各种美的艺术和实用艺术长期而又变化多端的历史演变中表现出来的。"①V.C.奥尔德里奇也认为：审美经验已成为当代"讨论艺术哲学诸基本概念的良好出发点"②。托马斯·门罗更明确地指出："美学作为一门经验科学"，应该打破单一的哲学美学格局，走向实证化、经验化。③ 可以说，西方现当代的主要美学流派都以审美经验作为其主要研究对象，只不过各种流派所说"经验"的内涵不同而已。众所周知，审美经验论之发端是英国的经验主义美学。它们以审美经验作为其美学研究的出发点，以培根、休谟、柏克为其代表，均将审美经验归结为以主体之体验为基础。即使是柏克，对审美经验客观性的探求也是立足于人的主体感官的共同性。康德《判断力批判》中的审美判断力作为主观的合目的性，也是一种对于具有共通感的审美快感（经验）之判断。但黑格尔在这一方面，却从康德倒退到本质主义的美学探讨。尽管黑格尔的美学思想包含着形而上之内容，但仍是以审美经验为其基础。从 20 世纪开始，几乎所有的西方当代美学流派都立足于审美经验。克罗齐的直觉表现说可以说是开了将经验与情感表现相联系的当代美学之先河。此后，克莱夫·贝尔的审美是"有意味的形式"说，更同经验密切相关。真正打出艺术的审美经验旗帜的是杜威。1934 年，杜威出版《艺术即经验》一书，标志着经验派美学逐步走向成熟。但只有法国现象学美学家杜夫海纳，才使经验论美学真正具有浓郁的哲学色彩

①［美］李斯特威尔：《近代美学史评述》，蒋孔阳译，安徽教育出版社 2007 年版，"序言"第 1—2 页。

②［美］奥尔德里奇：《艺术哲学》，程孟辉译，中国社会科学出版社 1986 年版，第 22 页。

③参见朱立元：《现代西方美学史》，上海文艺出版社 1996 年版，第 670 页。

与深刻的内涵。他于 1953 年出版具有深远影响的重要论著《审美经验现象学》，提出"艺术即审美对象和审美知觉相互关联"的重要美学观点。此后，经验论美学即渗透于存在论、符号论与阐释学美学等各种新兴美学理论形态之中。

　　我们以文艺的审美经验作为理论出发点的另一个十分重要的理由，是这一点十分切合中国文艺美学遗产。中国古代有着悠久而丰厚的文艺美学遗产和传统，但中国的文艺美学传统同西方传统迥异。中国没有西方那样的有关美与艺术之本质的思辨性思考，大量的美学遗产都是体悟式的艺术审美经验的阐发。著名的意境说就是对作者情景交融、人物一致之审美经验的阐发，正如王昌龄在《诗格》中所说，所谓"意境""亦张之于意而思之于心，则得其真矣"。中国美学对审美经验的主体艺术想象特性做了深刻描述，这就是"妙悟"。陆机在著名的《文赋》中对"妙悟"之艺术想象做了生动的描述："其始也，皆收视反听，耽思傍讯，精骛八极，心游万仞。其致也，情瞳昽而弥鲜，物昭晰而互进，倾群言之沥液，漱六艺之芳润，浮天渊以安流，濯下泉而潜侵。"对于审美经验中艺术想象之描述，可谓生动具体、绘声绘色。我国古代著名的"韵味"说着重从审美欣赏的独特视角阐述审美经验。司空图在《与李生论诗书》一文中说："文之难，而诗之难尤难。古今之喻多矣，而愚以为辨于味，而后可以言诗也。"他还提出"近而不浮，远而不尽，然后可以言韵外之致"等基本观点，都是对审美欣赏中经验的深刻体悟。我们认为，要想建设具有中国特色的文艺美学学科，应该很好地总结中国传统美学这一丰厚的文艺美学遗产。

　　关于文学艺术审美经验之具体内涵，正因为其极为复杂，所以我们试图通过综合的途径，以马克思主义唯物实践观为指导，以审美经验现象学为方法，吸收各有关资源之有益成分，并加以综合。由此，我们从一个基本特征和九个关系的角度加以具体阐述。

一个基本特征就是艺术的审美经验，如康德所说，是一种关系性、中介性内涵，而不是实体性内涵。这就是艺术的审美经验所特具的不凭借概念的个人的感性体悟与趋向于概念的社会共通性的二律背反。正如黑格尔所说，这是康德所说的关于美的第一句合理的字眼①，这就是康德有关审美判断特具的"二律背反"特性的对于审美经验的界说。正因为审美经验特有的这种二律背反，才使其具有一种特殊的张力、魅力、模糊性和情感性。

对于审美经验阐述的九个方面的关系是：第一，经验与社会实践。在西方美学理论中，文艺的审美经验完全是主体的产物，因而是唯心主义的。我们将文艺的审美经验奠定在马克思主义唯物实践观的基础之上。我们认为，从具体的审美过程来看，不一定能明确看出社会实践之基础作用，但从总体上看，从社会存在决定社会意识的角度看，审美经验的基础肯定是社会实践。当今西方哲学—美学在突破思辨哲学主客之二分思维模式，突出主体作用之时，为了避免陷入唯我主义，也曾试图回归"生活世界"。但这种"回归"未免屡弱，从哲学的彻底性来看，还是马克思主义的唯物实践论之社会实践观更能从根本上说清经验的来源内涵。但唯物实践观的理论指导与社会实践的基础地位仍是在理论前提的位置之上，而不能代替具体的审美经验。只有这样，才能避免过去以哲学代美学、以普遍代特殊的弊端。第二，经验与主体。当代经验论美学之经验当然是以主体为主的，但又不是英国经验主义纯主体之经验，而是包含着消融了的主客二分，包含着客体

①参见［英］鲍桑葵：《美学史》，张今译，商务印书馆1986年版，第344页。

之经验。有的是通过行动(生活)来消解主客二分,如杜威实用主义的艺术经验论;有的是通过主体的接受或阐释来消解主客二分,如阐释学美学;有的则是通过现象学直观的"悬搁"来消融主客二分,如现象学美学。第三,经验与想象。文艺的审美经验之发生是必须通过艺术想象之途径的。艺术想象犹如一个大熔炉,能将感性、知性、情感等熔于一炉,最后形成完整的审美经验,并使审美者进入一种特有的审美生存的境界。第四,经验与表现。当代经验论美学的最重要特点是将经验同情感之表现密切相连。例如,克罗齐的"直觉即表现说",阿恩海姆的"同形同构说",杜威也强调审美经验之"情感特质"。第五,经验与快感。经验论当然肯定感觉、快感,并以其为基础。但当代经验论美学又不仅仅局限于快感、感觉。如果仅仅局限于快感,那就会脱离审美的轨道。康德曾在《判断力批判》中提出"判断先于快感"的命题,虽然已经过去了二百多年,但我们认为这仍是美学的铁的定律,难以推翻和颠覆。许多美学家在承认快感的同时,也是强调对快感之超越的。例如,杜威论述审美经验与日常经验之相异性,也试图超越日常经验之生物性。杜夫海纳运用现象学"悬搁"之方法,更是强调对"此在"的超越,走向形而上的审美存在。第六,经验与接受。当代经验论美学同当代阐释学相结合,强调阐释的本体性。这样,在阐释学美学之中,所有的"经验"都是此时此地的,都是当下视阈与历史视阈、阐释者视阈与文本视阈的融合。这样,我们就将当代经验论美学与接受美学、新历史主义等结合了起来。第七,经验论与心理学。经验论美学肯定包含许多心理学内容,如感觉、想象、意向、情感,等等。但审美的经验论又不等同于心理学,如果等同的话,文艺美学就将走向纯粹的科学主义,从而完全遮蔽了文艺美学特有的而且是十分重要的人文主义内涵。这是包括现象学美学在内的许多美学家特别忌讳的事情。所以，在承认审美经验所必须包含的心理学内容时，还更应承认其具有拓展到社会的、哲学的与伦理学的深广层面的功能。第八，经验与真理。这是当代经验论美学同存在论美学紧密相连所必须具有的内容。当代存在论美学将审美活动同认识活动相分离，由此审美经验并不导向认知理性的提升，而是通过艺术想象实现对遮蔽之解蔽，走向真理敞开的澄明之境，从而达到人的"审美地生存""诗意地栖居"的境界。所以，审美经验、艺术想象、真理的敞开、诗意地栖居都是同格的。这正是当代文艺美学所追求的目标。第九，经验与对象。传统美学都把审美对象界定为一种客观的实体、自然物与艺术品，等等。但我们认为，审美对象是意向性过程中的一种意识现象，在主观构成性中显现。也就是说，审美对象只有在审美的过程中，面对具有审美知觉能力的人，并正在进行审美知觉活动时才能成立。它是一种关系中的存在，没有了审美活动就没有审美对象，但并不否认作品作为可能的审美对象而存在。

　　以文学艺术的审美经验作为文艺美学学科的出发点，实际上是对当代美学与文艺学学科的一种改造。长期以来，我国美学与文艺学学科都在一种传统认识论哲学的指导之下，将美学与文艺学的任务确定为对美与文艺本质的认识。这不仅抹杀了审美与文艺之情感与生命生存的特性，将其同科学相混淆，而且抹杀其作为人的存在的重要方式的基本特点，将其降低为浅层次的认识。以文学艺术的审美经验作为理论出发点，就既包含了审美与文艺的情感与生命体验特点，同时又包含了它的由"此在"走向"存在"之生命与历史之深意。这是对传统的本质主义与认识论美学的一种反驳，也是对审美与文艺真正本源的一种回归，必将引起美学与文艺学学科的重要变革。

　　以文学艺术的审美经验作为文艺美学学科的出发点，也是对当代社会文化转型中正在蓬勃兴起的大众文化的一种理论总结与提升。从 20 世纪中期以来，以影视文化、文化产业为标志的大众文化方兴未艾，表明这一种新的文化转型已经不可避免地来到我们面前。这是一种由纸质文化到电子文化、由精英文化到大众文化、由纯文化到文化产业的巨大转折。在这种大众文化的背景下，审美与文学艺术发生了日常生活审美化的巨大变化。唱片、光盘、广告、模特、网络文学等新的文学艺术生产与存在的样式纷至沓来，令人目不暇接。审美与生活、艺术与商品、文化与文艺、欣赏与快感之间的界限一下子变得模糊起来。于是，从新世纪之初就出现了有关文学艺术的边界、日常生活审美化的评价、文学的文化研究的评判等问题的讨论与争辩。我们认为，这些讨论是非常有意义的。我们试图以我们所理解的文学艺术的审美经验这一文艺美学学科的基本理论作为认识以上大众文化背景下各种文化现象的一种理论指导，也以此对这些讨论提供一种也许是不成熟的见解。我们认为，当代文艺美学的审美经验理论应对当代大众文化中审美的生活化和生活的审美化两个相关的部分起到指导作用。其实，审美的生活化与生活的审美化是两个紧密相连、统一为一体的部分，都是对资本主义工业文明以来艺术与生活分裂、走向异化的严重问题的解决。所谓审美的生活化，是解决艺术与生活的脱离，承认并正视审美所必然包含的快感内容与文艺所必然包含的生活内容，使艺术走向生活与万千大众、成为人们休息娱乐的方式之一。同时，也不可否认，某些艺术产品具有的商品属性，并给人们带来某种经济效益。早在 1934 年，杜威出版《艺术即经验》一书，即针对艺术脱离生活的现状和大众文化之方兴未艾，充分论证了审美经验与日常经验之间的"延续关系"。但这只是我们所说的审美经验理论所包含的一个方面的内容，也只是当前大众文化背景下文学艺术的一个方面的属性。

另一方面，也是非常重要的方面，就是生活的审美化，也就是我们所说的审美经验不仅包含着原生态的生活，更要包含对这种生活的超越；不仅包含必不可少的感性快感，更要包含体现人类生存之精髓的意义。如果说审美的生活化是一种回归，那么生活的审美化则是一种提升。没有回归与提升的结合，真正的审美与文学艺术都将不复存在，只有两者的统一才是审美与文学艺术要旨之所在。因为没有前者，审美与文艺必将脱离大众与当代文化现实；没有后者，则审美与文艺又不免陷于低俗与平庸。只有两者的有机结合才是审美与文艺发展的坦途，也才能为文艺美学学科建设奠定坚实的基础。杜威在《艺术即经验》一书中着重论述了审美经验不同于日常经验的"完整性"和"理想性"，这构成他的美学思想的中心界说，值得我们借鉴。

以文学艺术的审美经验作为文艺美学学科的理论出发点也是为中国传统美学在当代进一步发挥作用开辟广阔的空间。中国美学发展从 20 世纪初，特别是以 1919 年"五四运动"为界发生了某种程度的断裂。此前是传统形态的美学，此后受到"西学东渐"的深刻影响，接受西方美学埋论话语。这前后两种美学形态尽管不可避免地有所联系，但在理论内涵、话语范畴和精神实质上均有明显区别，是一种明显的理论断裂。因此，有的学者认为，这两者"不可兼容"，而是"宿命的对立"。中国传统美学的现代价值问题被严峻地提到我们面前。但以文学艺术的审美经验作为理论出发点的文艺美学学科为中国传统美学进一步发挥当代作用开辟了广阔的天地。因为，我国传统美学的确没有西方美学那样借以反映审美与艺术本质的概念范畴,而主要以对创作与文本的体悟作为理论的基点。这恰是一种文学艺术的审美经验。从先秦时期的"诗言志"说、"兴观群怨"说,到汉魏时期的"物感"说、"意象"说,到唐宋时期的"意境"说、"妙悟"说,再到清代的"情景"说、"性灵"说与"境界"说,等等,可谓一脉相承,都是对文艺审美经验的独特表达,反映出中国古代美学的特有精神,具有十分丰富的内涵与极其重要的价值。这些美学理论不仅给我国文艺家与美学家以滋养,而且也对包括海德格尔在内的诸多西方美学家以理论的滋养。我们相信,文艺美学学科的发展,特别是以文艺的审美经验为理论出发点自觉地总结、弘扬中国传统美学理论,中国传统的美学理论必将在新时期发挥更加重要的作用。

我们在论述以文艺的审美经验作为文艺美学的基本理论范畴时,遇到了审美是不是文艺的基本特征这样一个问题。在这个问题上,我们坚持审美是文学艺术的基本特征的观点。但我们所说的审美,不是狭义的优美,而是广义的美,也就是包含着优美、崇高,以及悲剧、喜剧和丑这些广泛内容之美。只不过在审美心理效应上,审美都是一种肯定性的情感评价,而不是相反的否定性的情感评价,诸如恶心、嫌弃之类。这就要求作者在作品中包含一种审美的价值取向。

列宁在《黑格尔辩证法(逻辑学)的纲要》一文中认为:"在《资本论》中,逻辑、辩证法和唯物主义的认识论(不必要三个词:它们是同一个东西)都应用于同一门科学。"①由此说明,方法论与理

---

① 于光远主编:《马克思恩格斯列宁斯大林论辩证唯物主义与历史唯物主义》,上海人民出版社1997年版,第207页。

论体系及世界观是一致的，从而彰显出方法论的重要作用。我们认为，文艺美学以文学艺术的审美经验作为理论出发点，就决定了它必然采取以自下而上为主的研究方法，这是一种由具体的审美经验出发的研究方法，迥异于从抽象的本质或定义出发的传统研究方法，从而使研究对象由传统的理论文本扩充到鉴赏文本，进一步扩充到文学艺术的审美体验。

这种研究方法更加全面，更加符合文艺美学学科的实际，也会更加彰显理论家的理论个性。但这种自下而上的方法又不同于托马斯·门罗所说的自然科学的实证的方法，而是现象学理论家杜夫海纳所使用的审美经验现象学的方法。这是一种在审美直观中将主体与客体、感性与理性之对立加以"悬搁"，并进而直接面对审美经验的方法。诚如胡塞尔所说："现象学的直观与'纯粹'艺术中的美学直观是相近的。"①这种审美经验现象学方法并不完全排除、同时包含一定的自上而下的内容。因为任何理论研究都必须借助一定的具有共通性的理论规范，否则就会完全成为只有个人能够理解的自言自语，从而缺乏应用的理论价值。更为重要的是，文艺美学不只是对单个审美经验的研究，更要研究其中所包含的具有人类共通性的对在场的超越，走向人类"诗意地栖居"和对人类前途命运的终极关怀。这就使审美经验本身包含了深刻的意义与鼓励人类前行的精神的力量。文艺美学的产生就是一种由外部研究到内部研究的转向，因此，文艺美学当然应该以内部的研究为主，也就是以审美经验为核心深入剖析其对象、生成、前见、发展、形态与比较，等等，从而构成独特的理论体系。但这种内部研究又不完全是独立自足的，并不排除外部的研

①《胡塞尔选集》，倪梁康选编，上海三联书店 1997 年版，第 1203 页。

究，包括社会的、意识形态的和文化的视角等。从社会的角度，我们向来认为，文学艺术不仅是审美的现象，而且是一种社会的现象，具有政治的、经济的、时代的等诸多社会属性。从意识形态的角度，我们向来认为，文学艺术作为意识形态之一种，从一个特殊的侧面反映了社会政治与经济乃至生产关系与生产力的诸多特性。从文化的视角说，当前文化研究的方法已经成为文艺研究的最重要方法之一，诸如，种族的、女权的、后殖民的、生态的、文化身份的等崭新角度，的确能给文学艺术以崭新的阐释。但我们向来认为，文化研究只不过是文艺研究的重要方法之一，而不是全部。因此，我们并不同意当前西方某些研究者以文化研究取代或取消文艺研究的做法。我们认为，对文艺的最基本的研究方法还应是最符合审美特性的审美经验现象学研究方法。19世纪上半叶，黑格尔创立了逻辑与历史统一的研究方法，这是一种思辨哲学的研究方法。这种方法对于经济学、哲学等社会科学是十分适合的，但对于以情感体验为其特征的美学，是否都要运用这一思辨哲学的方法，尚有待于进一步讨论。著名的新黑格尔主义者、美学史家鲍桑葵在其《美学史》研究中就采用了历史突破逻辑的方法，使这本美学史在诸多方面颇具创意。由此，我们认为，对于我们所说的以文学艺术的审美经验为其理论出发点的文艺美学学科也不能采用思辨的方法，而应采用以审美经验的研究为主，辅之以逻辑的研究方法。因此，我们的基本着重点在历史的、当代的文艺的审美经验事实，包括作者自身的审美体验，主要以此为据提炼出理论的观点。

　　当然，也要借鉴当代流行的各种理论的概念和话语，但不为其所束缚，而以审美经验的事实为依据，对其进行必要的补充、充实、发展和突破。我们的另一个主旨，是试图将当代的对话理论作为重要的方法维度。也就是说，我们不想采取传统的教化与灌输的方式，而是采取作者与读者平等对话的方式。因为，我们的理论出发点是审美经验，经验既具有社会共通性，同时也具有明显的个人感悟性。所以，我们所提供的只是我们的一种感悟，期望以此唤起他人的共鸣，甚至产生一种新的不同的体验和感悟。在这一点上，读者是有着充分的自由度和广阔的空间的。这就是一种新型的互动式的科学研究，希图激起读者更大的主动性，充分调动其探索新问题的兴趣。同时，我们还试图采用心理学的、阐释学的以及语言学的各种研究方法。方法的多样性也是我们的探索之一。

我们试图对文艺美学学科进行一种新的探索，有探索就必然会有失误。因此，我们热诚期望广大学术界的朋友参加到探索的行列之中，给我们以批评与指正。文艺美学作为一门新兴的学科，仅仅走过了 20 余年的历史，需要有更多的学者、朋友给予更多的关注和培养，使之健康成长。我们期待文艺美学这一新兴的正在建构中的学科在大家的呵护下进一步走向成熟，成为中国学者对于世界美学的一个新的贡献。

试论当代美学、文艺学的
人文学科回归问题①

对于美学与文艺学的学科反思，从改革开放以来即已开始。20多年来，这种反思可谓绵延不断。在进入21世纪的今天，我想在此前各位学者工作的基础上，将这种反思进一步集中为美学与文艺学的人文学科回归问题。其主要原因，是长期以来，直到目前，都较为严重地存在着将美学与文艺学混同于社会科学的现象。这当然与苏联季摩菲耶夫与毕达可夫以认识论为指导的教材的影响密切相关。其结果是极大地模糊了美学与文艺学的人文学科的性质，从而使之难以走上健康的学科建设轨道。一些非常有分量的教材、理论专著和辞典都将美学与文艺学界定为"一门属于社会科学的学科"，因而都将美与文学本质的追求作为其最重要目标。有的学者早就试图突破，但美学与文艺学的社会科学的学科性质决定了他们难以摆脱本质的追求，因而往往使其论述陷入一种尴尬的局面。其实，"学科"这个概念是工业革命以来现代大学教育制度的产物。在早期的学校教育中，无论中西方，所有的教育都是属于人文教育的范畴的。西方古希腊的贵族教育旨在培养优秀的"城邦保卫者"，而古代中国的"六艺"教育也是

---

①原载《东方丛刊》2006年第1期。

以"君子"的培养为其旨归的。工业革命以来，科学技术极大发展，劳动者的需求数量空前，现代大学快速发展，建立了以学科为基础的现代大学教育制度。所谓"学科"是以相对稳定的知识主体、相对稳定的研究方法与相对稳定的学者群体为其特征的，是以课程的形式纳入大学教育体制的。这实际上是以自然科学为标准的一种教育体制的规范化建设，也就是说，所有的学术都应向自然科学看齐，以其为规范榜样，才能在现代大学教育体制中获得自己的一席之地。这样，早期的人文教育一概变成了以自然科学为榜样的、以知识传授为目标的"学科教育"。在这种学科体制下，所有的学问都分成自然科学与社会科学两大类。前者以自然现象为研究对象，旨在探寻自然的本质与规律；后者以社会现象为研究对象，旨在探寻社会现象的本质与规律。于是，美学与文艺学就极为自然地被划分到社会科学的范围之内。

20世纪初期，正当资本主义经济危机和政治危机愈加严重之时，德国理论家马克斯·韦伯试图通过社会科学研究的科学性求得拯救资本主义的方案。于是，他以"文化科学"一词代替今天的社会科学与人文学科两大领域，并提出"价值无涉"的观念。他说，文化科学作为"经验学科提出的问题从学科本身这方面而言当然以'价值无涉'的方式予以答复"①。这种以文化科学混淆社会科学与人文学科的界限并将它们一概归之于"价值无涉"的看法，是不全面的。其实，人文学科与社会科学是有着明显区别的。人文学科以人学理论为指导，以人性为研究对象，以人的灵魂铸造为其目的，主要关注的是人的生存状态，属于存在论的范围。

---

① [德]马克斯·韦伯：《社会科学方法论》，韩水法、莫西译，中央编译出版社2002年版，第156页。

社会科学则是以客观的社会现象为研究对象,以本质与规律的揭示为其目的,属于认识论的范围。由此可见,两者的明显区别之一是在研究对象上,人文学科是以灵动鲜活的人性为其研究对象,而社会科学以客观事物的本质、规律为其研究对象。在研究态度上,人文学科是以明显的价值判断为其特点的,而社会科学则以其客观性与"价值无涉"为其特点。今天,我们将美学与文艺学从社会科学中区分开来,承认其人文学科性质,实现由认识论到存在论的转变,这就是一种学科本性的回归,必将使其进一步走上健康的发展道路。

美学与文艺学的人文学科回归还与现实社会的需要密切相关。众所周知,我国改革开放以来开始了规模宏大的现代化建设,取得了举世瞩目的成就。但在现代化、市场化与城市化过程中,也同时出现了一些值得注意的问题。这就是在现代化过程中出现的经济发展与道德真空、社会富裕与精神空虚、城市繁荣与心理焦虑等一系列二律背反现象。这些现象的出现,说明人文精神的缺失成为当代的突出问题。由此,对于新的人文精神的呼唤成为时代的强烈要求。在这样的形势下,人文学科特有的发扬人文精神、塑造人的灵魂的重要作用重新引起重视。长期以来,人文学科与社会科学趋同,失去自身人文特性的问题也在这种对现代化的反思中突出出来。在新的世纪,人文学科特殊作用和独立地位的重新发现及其特有人文性的回归,就这样被历史地提到议事日程。

同时,美学与文艺学的人文学科回归也是长期以来国内外理论工作者理论探索的总结。从国际上来说,从 1831 年黑格尔逝世之后,众多美学工作者就开始了突破传统的主客二分认识论哲学——美学模式,并使之转变到现代存在论哲学——美学的轨道之上。特别是突破古典形态的以"物""理性""本质"对人的遮蔽，探索当代以存在论人学理论为基础的哲学——美学。可以这样说，现代以来，整个西方美学发展的主流就是人生美学，是一种美学的人文学科性质的回归。我国现代以朱光潜、宗白华为代表的美学家也都立足于建构中国的人生美学。新中国成立以后，许多美学与文艺学工作者也都着力于美学与文艺学的人文学科回归工作。例如，早在20世纪50年代钱谷融教授就提出著名的"文学是人学"的命题。新时期以来，更有"新理性精神""文化诗学""后实践美学""当代存在论美学"与"主体性""主体间性"等可贵的探索。我们今天提出美学与文艺学的人文学科回归问题，只是长期以来众多理论家艰苦探索的一个总结。

在美学与文艺学的人文学科回归问题上，目前要着力解决的是如何将这两个学科的建设真正回归到人文学科的轨道之上。

首先，我认为，美学与文艺学学科要坚持以当代马克思主义人学理论为其指导。我国当代美学与文艺学的学科建设必须坚持马克思主义的指导，但作为学科最重要的马克思主义理论根基到底是什么呢？我认为，应该是马克思主义的人学理论。这恰是由美学与文艺学的人文学科性质所决定的。在一次有关文艺学学科建设的学术工作会议上，有一位老一代理论家曾经表示，坚持马克思主义人学理论指导就会路愈走愈宽。我的老师，已故的狄其聪教授在1993年就明确指出，文学"具有人学性质"，并在其所著《文艺学新论》中专列"文学的人学位置"一章。这些都是积多年经验之谈，值得我们深思。长期以来，由于资产阶级理论家对于马克思主义人学理论有诸多歪曲，我们常常讳言马克思主义人学理论。但我认为，这是没有必要的，只要我们坚持马克思主义的基本原则，就是没有任何问题的。

其实，早在1843年底至1844年1月，马克思就在著名的《黑格尔法哲学批判·导言》之中明确地提出了自己的人学理论。他说："德国唯一实际可能的解放是从宣布人本身是人的最高本质这个理论出发的解放。"又说："对宗教的批判最后归结为人是人的最高本质这样一个学说，从而也归结为这样一条绝对命令：必须推翻那些使人成为受屈辱、被奴役、被遗弃和被蔑视的东西的一切关系。"①在这里，马克思已经初步建立起自己的人学思想。它包括两个方面的内容，其一是关于人是人的最高本质的理论，其二是推翻使人受奴役的社会关系这一人学理论赖以存在的"绝对命令"。在此，马克思已经将自己的人学理论初步建立在社会存在决定社会意识的历史唯物主义基础之上。此后，马克思又在著名的《巴黎手稿》中从资本主义导致"异化"的角度进一步阐述了自己的人学理论，有其特殊价值。如果进一步充实此后的《关于费尔巴哈提纲》中有关社会实践的思想，《共产党宣言》中有关无产阶级只有解放全人类才能最后解放自己的思想，以及《资本论》中劳动价值的思想，那么，马克思主义的人学理论就是在马克思主义唯物实践存在论指导下的具有鲜明的阶级性与实践性的科学的理论。其实，这一理论是贯穿于马克思主义理论始终的。当然，在当代还需要进一步充实发展，包括吸收我国民主主义与社会主义革命中提出的"革命的人道主义""社会主义人道主义""以人为本"等思想，还有当代国际学术界关于人的非理性因素的探索，西方马克思主义对人学理论的探索，当代生态理论有关生态人文主义的探索等。

人文学科有其特定的研究对象，那就是以"人文主义""人的

---

① 《马克思恩格斯选集》第1卷，人民出版社1972年版，第9、15页。

价值""人的精神"作为自己的研究对象。《简明不列颠百科全书》在"人文学科"条目指出："人文学科（Humanitie），是学院或研究院设置的学科之一，特别是在美国的综合性大学。人文学科是那些既非自然科学也非社会科学的学科的总和。一般认为人文学科构成一种独特的知识，即关于人类价值和精神表现的人文主义的学科。"①这种对于鲜活灵动的人性、人的精神、人的价值与人文主义的研究，显然不同于自然科学与社会科学对于自然与社会的客观规律的研究。这就是对于活生生的具体的人的研究，或如马克思所说，是对于作为"社会关系总和"之人的本性的研究。也就是海德格尔所说的，是对于作为"此在之在世"的人的生存状态的研究。具体到美学，则是对于作为个体的人的审美经验的研究。法国美学家杜夫海纳在《审美经验现象学》中指出，美学的审美经验研究是与人学理论必然联系的。他说，以艺术的审美经验为研究对象，"这种解释的优点是把审美和人性的关系靠拢了。因为我们知道，审美的本性是揭示人性。但审美唯一依靠的是人的主动性。而人归根结底只是因为自己的行动或至少用自己的目光对现实进行了人化才在现实中找到人性"。② 这里所说的艺术的审美经验，不是英国经验派所说的纯感性的"经验"，但又以这种感性的经验为基础。它以康德的审美作为反思的情感判断的"无目的的合目的的"经验开始，发展到当代审美经验现象学的经验。这种经验由感性出发，包含着某种超越。康德的审美判断

①《简明不列颠百科全书》第 6 卷，中国大百科全书出版社 1986 年版，第760 页。
②［法］杜夫海纳：《审美经验现象学》，韩树站译，文化艺术出版社 1992 年版，第 588 页。

是对于功利的超越,当代现象学的审美经验是对于实体的"悬搁",最后走向自由,审美的自由、想象的自由、人的自由全面发展等。

美学与文艺学作为人文学科应有自己不同于自然科学与社会科学的研究方法,这就是人学的研究方法。诚如《简明不列颠百科全书》的"人文学科"条目所说,人文学科"运用人文主义方法"。这种"人学"的,或者说"人文主义"的研究方法,不是门罗所说的完全由下而上的方法。完全由下而上的方法实际上还是自然科学的实证的方法。人学的研究方法也不是我们长期以来所误解的马克思在《政治经济学批判导言》中所说的"从抽象上升到具体的方法"。因为这是政治经济学的研究方法,是一种社会科学的逻辑的研究方法。正如马克思在这个《导言》中所说,人们对于世界的理论的逻辑的掌握"是不同于对世界的艺术的、宗教的、实践—精神的掌握的"①。我们所说的人学的方法就是马克思所说的"莎士比亚化"②的方法。从创作来说,就是"个性化"的方法;从审美来说,则是具有鲜明个性的体验。发展到后来,就是现象学美学提出的审美经验现象学的方法,经过波兰的英伽登和法国的杜夫海纳加以丰富发展,包含丰富的内容。首先是审美态度的改造性,即是通过审美主体的审美态度将日常的生活经验改造为审美的经验。再就是审美知觉的构成性,就是审美主体凭借审美知觉在意向性之中对于审美对象的构成。在审美知觉构成审美对象之前,它作为自然物或艺术品只是一种存在物,并没有成为审美对象。还有审美想象的填补性,即是通过主体的艺术想象

①《马克思恩格斯选集》第2卷,人民出版社1972年版,第104页。
②《马克思恩格斯选集》第4卷,人民出版社1972年版,第340页。

对于"未定域"加以补充，对作品经过"具体化"的再创造，对于某些"缺陷"的弥补。最后是审美价值的形上性。这是对审美经验内涵的提升，是其人文精神的最好体现，也是审美走向自由的最重要途径。

事实证明，审美决不是也不可能是"价值无涉"或"价值中立"的，而是有着明显的价值倾向的。鲜明的价值取向就是美学与文艺学的最重要特点，是其区别于社会科学、特别是自然科学之处。首先，美学与文艺学有着明确的审美价值取向。的确，"艺术"（Art）在英语中除了"艺术、美术"的含义之外还有"技术、技艺、人工"等含义。从实际生活来看，也不是一切的艺术都是美的。但我们的美学理论却应有明确的美的价值取向，鲜明地肯定美，同时否定丑。我们的美学与文艺学还应有社会共通性的价值取向。也就是说，在伦理道德上应该坚持善恶等人类共通的道德判断。再就是意识形态方面的价值取向，总的来说，应该坚持审美活动与文艺服务于最广大人民的方向。最后是应该坚持对于人类前途命运终极关怀的价值取向。美学与文艺学的学科建设应该包含着强烈的理想因素和终极关怀精神。

美学与文艺学的人文学科回归，从学科建设的角度来看，是一个非常复杂的事情。因为美学与文艺学作为人文学科面临一系列二律背反式的矛盾。首先是美学与文艺学在学科建设中所遇到的非智性与智性的矛盾：作为美学与文艺学具有极强的人文性，是一种情感的判断，本身应该讲基本上是一种非智性的，但作为学科又是一种知识的系统，是智性的。这样，人文的非智性与学科的智性就产生了矛盾。这就决定了美学与文艺学作为人文学科的特殊性。也就是说，尽管它具有一定的知识性，但总体上说是一种情感的教育，人的教育，或者说是一种"态度"的教育。

明确地说,它是一种审美的感受力和审美的世界观的教育。如果完全将它作为知识性教育,就忽视了它的情感判断、价值取向和审美态度的确立等主要的特性。但如果完全忽视其知识性的一面,也就抹杀了它作为学科的基本条件,抹杀了它的知识可传授性,美学与文艺学作为学科将不复存在。因此,在这两者之间就要探寻一个适当的"度"。另外一个二律背反的矛盾现象,就是审美的个别性与共通性的矛盾。这就是康德所说的审美作为"无目的的合目的性的形式"所面对的对象的个别性与情感判断的共通性的二律背反。这样的二律背反恰是审美特性之所在,是其富有极强魅力之处。但这种二律背反毕竟是一种矛盾,需要加以解决。康德是通过主观的合目的性的"先验原理"来加以解决的。在杜夫海纳的审美经验现象学之中,是通过现象学的"悬搁"达到一种"主体间性"来加以解决的。再就是,美学与文艺学作为人文学科以人性与人文主义作为研究对象,实际上是以存在于空间与时间之中的"在世"之人作为研究对象的,这就使其具有难以界说性。但作为学科,又应有着可界说性。如何解决这个矛盾,也是一个难题。这要求从多侧面对其进行界说,包容多元的界说,不必强求一律。当然,在学科建设中,马克思主义指导还是基本的要求。

以上,就是我对美学与文艺学作为人文学科的一些粗浅的认识,提出来以就教于学术界同行。

是"判断先于快感",还是"判断与快感相伴"?——新世纪重新阐释康德美学命题的意义

（参见第四卷《生态存在论美学论稿》第 411 页）

新时期西方文论影响下的中国文艺学发展历程①

当前,我们已经进入了 21 世纪第一个十年的后半段。在这样一个特殊时刻,回顾总结新时期近三十年来中国文艺学的发展,的确意义特殊。因为,我们是从新世纪的独特视角审视既往的历史。我们总的认识是,新时期近三十年来,我国文艺学领域发生了根本性的变化,愈加走向健康发展的道路,但困难与问题仍然很多,需要我们加倍地努力奋斗。

(一)

说到新时期,就有一个新时期的起点问题。学术界有 1976 年、1977 年与 1978 年三种说法。我们基本持以 1978 年党的十一届三中全会作为新时期起点之说。前两说尽管都有其理由,但我们认为,新时期的最根本标志就是"解放思想,实事求是"方针的确立。所有经历过这段历史的人们都会记得十年"文化大革命"中人们思想的禁锢,真是噤若寒蝉,普遍存在一种不敢越雷池一步,害怕动辄得咎的心态。党的十一届三中全会突破"两个凡

---

①原载《文学评论》2007 年第 3 期。

是",确立"解放思想,实事求是"方针,真的犹如一声春雷,好似耀眼的闪电照亮了人们的心灵,打开了人们的思想,这才真正开始了思想领域的拨乱反正和文艺学领域的改革创新。我们认为,确定这样一个起点是非常重要的。那就是,进一步明确了我国新时期文艺学发展的"解放思想,实事求是"这一思想指导主线,今后的发展也仍然需要坚持这样一条主线。这应该是新时期文艺学发展的最重要经验之一。

如果将新时期从1978年算起,那么,其文论的发展历史大体可以分为突破、发展与建构这样三个阶段。第一个阶段从1978年到1986年,是对于旧的受到"左"的僵化思潮严重影响的文艺学理论体系突破的阶段;第二阶段从1987年到1996年,是我国文艺学全面发展阶段,各种新说纷纷涌现,层出不穷;第三阶段从1997年至今,是我国文艺学逐步走上独立的理论建构时期,但这只是开始,未来的路仍然很长。当然,这三个阶段并不是截然分开,而是互有交叉重叠。确定这三个阶段,不仅是历史的划分,而且反映了一种理论的发展趋势。那就是,我国当代文艺学必然地应该走上独立建构之路。这是历史的必然,也是文艺学自身的要求。如果一个国家和民族在经济全球化逐渐逼近的情况下,没有自己的相对独立的文艺学理论建构,那是无法面对历史,更是难以适应社会现实与文艺现实的需要的。这恰是我们广大文艺学理论工作者历史责任之所在。

我国新时期文艺学的发展与其他文化形态一样,是在古今中西复杂的矛盾与关系中进行的,但主要面对的是中西之间的关系与矛盾问题。古今之间的矛盾与关系尽管在新时期仍有反映,但其重要性已让位于中西之间的矛盾与关系,并渗透其中。诚如钱中文所说:"我国文学理论在反思中,深感我国文学理论的求变、求新的过程中,每个阶段自己都深受外国文论的影响。"①这其实是"五四"之后中西文化"体用之争"的继续。新时期以来,我国文论发展已经进入了一种新的语境。因为新时期我国不仅有固有的古代文论,而且还有历经一百多年历史的十分丰富的中国现代文论,特别是现代具有中国特色的马克思主义文论。我们实际上是在我国现代文论的基础上来发展建设新时期文论的,也是在此基础上面对西方文论。但由于历经十年"文化大革命"甚至更长时间的闭关锁国,也由于20世纪中期以来西方哲学、美学与文论发生巨大变化,因此,我国新时期文论发展中西方文论的影响显得特别巨大、深刻。其过程与我国新时期文论发展之突破、发展与建构的历程相应历经了传播、吸收与对话的历程。这就是改革开放之初的大量传播、20世纪80年代中期以后的全面吸收与此后逐步走向相对冷静的对话。在新时期近三十年中西文论的碰撞、交流与对话的过程中,我们遇到一系列十分尖锐的现实与理论问题。就其大者而言,有这样几个方面。

首先是西方文论特别是西方现代文论的性质问题,也就是我们通常所说的姓资、姓社的问题。西方文论的资本主义性质本来是没有什么问题的,但却涉及到这样的文论到底是有价值还是没有价值,对其应该是肯定还是否定?我国长期以来对于西方文论,特别是对于西方现代文论因其属于剥削阶级意识形态,特别是资产阶级意识形态因而总体上是否定的。新时期近三十年来,我们正是在"解放思想,实事求是"思想路线指导下,坚持"实践是检验真理的唯一标准",在对西方文论的定性和态度上,我们相继做了这样两个方面的工作。

---

① 钱中文:《文学理论:在新世纪的晨曦中》,《文学评论》1999年第6期。

其一是将政治哲学立场与美学文学理论价值加以必要的同时又带有某种相对性的区分,得出政治哲学立场错误唯心,而其美学文学理论仍可能有其价值的看法。例如,古希腊的柏拉图与德国古典美学的康德、黑格尔都是这样的情形。这个问题上还比较好统一,因为马克思主义经典理论家对于这些西方古代哲学家与美学家大都有肯定性的意见。但对西方现代文论,因其产生于帝国主义时期,作为这个时期的意识文化形态,从传统理论的视角看那就必然是腐朽的、没落的与反动的,因而是必须否定的。这里,仍然有一个坚持"解放思想,实事求是"思想路线的问题,不仅应面对当代资本主义经过调整后还具有发展活力的现实,而且还要敢于承认其经济与科技的先进性,并进一步承认其包括文艺学在内的文化形态在相对的意义上也有其一定的先进性。这是因为,一定的文化形态都是一定社会的反映,当代资本主义的经济社会发展比我们先进,已经基本完成了现代化建设,大体历经了现代化的全过程,那就必然对于现代化过程中的一系列经济社会问题有其文化的与艺术的思考与反映。也许,这种思考与反映是扭曲的,但其毕竟是进行了反映,也就因此对于我们这些后发展国家有其极为重要的参照价值。刘放桐在评价与西方现代文论较为接近的西方现代哲学时,指出:"总的说来,他们的哲学也更能体现这一时期西方社会的政治、经济和文化发展的状况,特别是科学技术飞速发展所导致的各种问题,因而具有重大的进步意义。"[1]朱立元在评价西方现代美学时,也指出:"把西方现代美学放在整个现代西方科学文化发展的总背景上审视,从人类历史与文化进步的总趋向来衡量,那么,应当承认,现代西方美学'离

---

[1] 刘放桐:《新编现代西方哲学》,人民出版社 2000 年版,第 18—19 页。

经叛道'的反传统倾向,它的许多别出心裁的新花样,它的'百家争鸣'、频繁更替,并不能简单地斥之为'堕落'与'倒退',而恰恰应该看成是对传统美学的超越与推进,是美学科学的巨大历史进步。"①正是从这样的角度,我们全面地分析了西方现代文论先进性与没落性、创新性与荒谬性共在的基本特征,从总体上适当地肯定其当代价值。对现代西方马克思主义文论的评价,也经历了一个由否定到基本肯定的过程。因为现代西方马克思主义文论基本上是从学术的角度来看待马克思主义,而且它们本身对于马克思主义也有许多新的发挥。这样,就出现了一个"西马是不是马"的问题。20世纪70年代与80年代初中期,我们认为,凡是与经典马克思主义论著只要有一点不一致之处的就不是马克思主义,就属于应该批判的范围。但"解放思想,实事求是"的思想路线指导我们以科学的眼光来看待"西马",肯定了它作为"左翼激进主义美学"总体上对资本主义的批判精神与结合新时代特点对马克思主义的某些发展与补充,从而将"西马"的许多有价值的内容吸收到我国当代文论建设之中。例如,"西马"的意识形态理论、文化批判理论,等等。诚如冯宪光所说:"应当说,西方马克思主义美学是一种与马克思主义美学有一定联系的,当代西方社会中的左翼激进主义美学。"②

再一个非常重要的问题,就是西方现代文论与我国社会现实的"时空错位"问题。也就是说,西方现代文论是西方现代与后现代社会的产物,而我国正处于现代化过程之中。事实上,在我国,不仅存在着现代的生活文化状况,而且存在着大量的前现代生活

①朱立元主编:《现代西方美学史》,上海文艺出版社1993年版,第1051页。
②冯宪光:《西方马克思主义美学研究》,重庆出版社1997年版,第17页。

文化状况。在这样的情况下,我们引进西方后现代理论,特别是"解构"的后现代理论,对于还在"建构"中的我国,这难道不是一种与实际的脱离与"奢侈"吗？我们觉得,这样的发问是有其现实根据的。我们的确应该紧密结合中国的现实与语境来借鉴和引进西方文论,特别是西方后现代文论。但这决不意味着西方后现代文论对于我国没有现实的意义。事实上,西方后现代文论本身是比较复杂的,既有解构的后现代,也有建构的后现代。如果后现代之"后"是一种对于现代性的全面的摧毁与解构,那当然是不恰当的。但是西方后现代文论之"后"也有一种是通过对于现代性之反思超越走向建构之意,特别是包含对于现代性中不恰当的唯科技主义、唯经济主义与工具理性的一种反思超越,通过对于这种具有绝对性的形式"结构"进行"解构"走向建构一种新的具有"共生"内涵的理论形态。这其实就是对于资本主义弊端的一种反思,对通过张扬一种新的人文精神克服这种弊端的探索。这样的具有"建构"内涵的"后现代",对于我国是有着借鉴的价值的。诚如美国当代哲学家大卫·雷·格里芬在《后现代科学》一书的中文版序言中所说:"我的出发点是:中国可以通过了解西方国家所做的错事,避免现代化带来的破坏性影响。这样做的话,中国实际上是'后现代化了'。"①何况,我国新时期近三十年在经济社会上不仅经历了由计划经济到市场经济的现代转型,而且此后出现了社会矛盾加剧、环境资源压力增强、精神疾患发展与大众文化勃兴等后现代现象。这就是我国目前提出科学发展观与构建和谐社会的现实缘由。其实,这也是一种由现代工业文明到

①[美]大卫·雷·格里芬编:《后现代科学》,马季方译,中央编译出版社1995年版,第13页。

后现代经济、社会与生态综合文明的转型。面对新时期发生的以上两个社会转型，大家对前一个转型在思想认识上较为统一，但对后一个转型却思想准备不足，认识并不统一。但事实上，这后一种社会转型却是当前的重要社会现实。正是从这样的现实出发，我们认为，只要不照搬西方后现代文论，而是将其作为对资本主义现代性批判的一种理论形态来加以借鉴，那么，它们就是有其特殊价值的。由此可见，解决"时空错位"的重要途径，就是一切的借鉴引进都应从中国的现实与语境出发，而绝对不能脱离现实地照搬。

　　新时期近三十年的文论建设，与西方文论的大量引进同时发生了一个如何对待中国传统文论的问题，由此产生了 20 世纪 90 年代中期著名的有关我国文论"失语"问题的讨论。有的学者认为，我国当代文论患了严重的"失语症"，"一旦离开了西方文论话语，就几乎没办法说话，活生生一个学术'哑巴'"，解决的途径是"重建中国文论话语系统"①。我国新时期文论的古今关系是在中西关系背景下发生的，是试图以此对中西关系进行某种消解。当然，"失语症"的提出有其文化本位的立场，也有其关注民族文论的价值。但显然，"失语"的提法没有顾及到中国当代文论的现实。因为我国新时期的文论建设不是以古代文论为其出发点，而是以现代文论为其出发点的，新时期对西方文论的引进是在现代文论基础之上的引进与融合。当代文论建设中的确存在"食洋不化"的问题，但从总体上看，这只是一个过程，是发展中的某种现象，不能提到"失语"的高度认识。推倒现代文论，"重建中国文论

①参见曹顺庆：《文论失语症与文化病态》，《文艺争鸣》1996 年第 2 期；曹顺庆、李思屈：《再论重建中国文论话语》，《文学评论》1997 年第 4 期。

话语系统"，是完全没有可能，也是不现实的。与"失语症"的讨论相继，我国文论界出现了"中国古代文论现代转换"的学术讨论。这是我国新时期与西方文论的引进相伴的对于我国当代文论建设民族性的十分有价值的学术探讨。有论者认为，古今文论是"宿命的对立"，根本无法转换；有的论者则试图进行中国古代文论整体范畴的现代转换。我们认为，这两种看法都有其偏颇之处。所谓古今文论"宿命的对立"，其实质是完全否定了人类文化所具有的某种共通性和历史继承性。中国古代文论范畴的"整体转换"也完全没有正视"五四"以来我国新文化运动整体上对于古代文化的超越，倒退到过去是完全没有可能的。当然，我们并不否认某些古代文论范畴局部转化的可能性，例如，王国维对"境界"的运用，我国当代学者对"意境"的改造，海外华人学者对"感通"的发展，等等。但我们认为，当代文论建设中华民族传统的现代转换并不能完全局限于范畴的转换，而应主要是对蕴含在古代文论之中的中国哲学与艺术精神的现代转换。特别是中国古代相异于西方的"天人合一"的哲学精神和"言外之意"的艺术精神，都是特别具有当代价值，并已引起了国际学术界的广泛关注，值得我们特别加以重视。有学者认为，如果说以"天人之际"与"中和论"为其哲学基础的中国古代文论对以"主客二分"为其特征的现代文论难以融入的话，那么在当前以消解"主客二分"为其特征的"后现代"文论的语境下，它会有更多的实现现代转换的可能。海德格尔对道家思想的借鉴，德里达对汉字消解"逻各斯中心主义"作用的推崇，以及其他的有关事例，都在一定的程度上说明了这一点。

2000年以来，随着世界经济全球化步伐的加大和我国进入世界贸易组织成为现实，许多国外的文化产品将会并已经作为商品大量进入我国文化市场,我国当代文论建设面临着这样一种新的经济全球化的挑战。在这种情况下,许多高校和文艺研究机构开始研究全球化语境中我国当代文论的发展。这其实还是一个中西文论的关系问题,只是这种关系出现了新的语境和背景,值得我们进一步研究。有学者认为,经济全球化必然伴随着文化的全球化,文论的全球化是必然趋势。我们认为,经济的全球化不应导致文化的全球化,而应倡导文化的多元共存,我国当代文论建设应走自己的有中国特色之路。事实证明,经济全球化是历史发展的必然,也必然加速文化的交流和传播,西方文论对我国的传入和影响也必然加速。对西方某些人来说,与其"欧洲中心主义"相伴,也必然地依仗着他们的经济与科技强势进行文化渗透。在这里,关键是处理好全球化与民族化的关系。一方面,我们应以积极的态度迎接因经济全球化所带来的文化与文论加速交流的新的形势,因势利导促进中西文论交流,加速我国文论发展。同时,我们也应进一步增强民族的文化自觉,加速我国当代文论民族化的进程,在现有基础上建设具有中国风格的当代文论话语和文论精神。事实证明,文化是一个民族之根,是民族凝聚力之所在。曾经有人说,民族是具有共同地域、共同语言、共同文化与共同生活的标志。这是将民族的概念拓展得太宽泛了,其实,民族的最核心内涵应该是以共同文化为其标志,凡是认同中华文化的人们都是中华民族之一员。因此,文化建设直接涉及到未来世纪中华民族的兴衰,关系重大。文论建设属于当代中华文化建设之必不可少的内容,所以建设有中国特色的当代文论成为我们当代中国文论工作者的历史的与民族的责任之所在。

（二）

回顾新时期近三十年来中西文论交流对话的历史,我们总的认为,发展是比较健康的,效果也是比较好的。其原因是我国经过改革开放有了逐步增强的国力,并有一个好的对外开放的政策。更重要的是,我们始终是在新时期"解放思想,实事求是"这一思想路线的指导之下。当然,由于我们面对新的形势,未免经验不足,加上自身理论储备的局限,因此,在新时期引进西方文论与建设新的文艺学理论的进程中还有许多教训需要记取。

从积极的方面说,新时期西方文论的引进首先是极大地推动了中国文论的现代转型。

众所周知,我国 20 世纪 50 年代以来,以毛泽东文艺思想为代表的马克思主义文论建设取得令人瞩目的成就。但同时,在文论建设方面,也曾经受到苏联带有机械的僵化性质的文论的一定影响,一度流行一种以机械唯物主义认识论为其哲学基础的文论思想。这种文论思想将文学与文艺现象简单地看作客观事物的直接模仿。当时,一些人误以为这就是马克思主义文论。实际上,它是迥异于马克思唯物实践观的机械唯物论,是 18 世纪以来形而上学的产物,恰是马克思在其著名的《关于费尔巴哈的提纲》一文中试图通过实践范畴加以突破的只强调客体的直观唯物主义。新时期以来,西方文论特别是西方现代文论的引进,在很大程度上推动了我国当代文论的转型,也就是促使我国当代文论突破旧的框框,适应社会的需要,走向时代的前沿。众所周知,我国改革开放以来,社会经济生活与文化发生了根本性的变化。从社会经济的角度说,我国大幅度地由传统的计划经济转变到新兴的社会主义市场经济；从哲学的角度说，我国哲学领域迅速地推倒了旧唯物主义的认识论，恢复了马克思唯物实践观的指导地位；从文化领域说，新时期我国文化领域呈现出丰富多彩的景象，影视文化迅速发展，大众文化日渐勃兴，网络文化方兴未艾。因此，新时期文论建设的首要任务就是迅速突破传统的落后的机械唯物论文论，实现我国文论的现代转型。西方文论，特别是西方现代文论的引进恰恰起到了这样的作用。因为 20 世纪以来西方现代文论恰是西方市场经济与大众文化条件下的产物，其突出标志就是对于传统的"主客二分"思维模式的突破，对于机械认识论文艺观的抛弃，对于文艺同人的生存状态关系的强调。

我国新时期近三十年来，在重新研究阐发马克思主义经典与引进西方现代文论等多种因素的促进下，迅速地实现了文论的现代转型。从横向看，我国新时期突破了传统认识论文论"主客二分"的思维模式及其机械唯物论倾向，将我国当代文论奠定在马克思唯物实践观的理论基础之上。从文艺学的哲学理论指导的角度，我国新时期近三十年经历了由物本到人本，再到"主体间性"这样的发展过程。长期以来，我国有一种文论思想，过分强调文艺的机械模仿功能，将模仿的真实与否作为衡量文艺的最重要标准之一。这显然是违背文艺的本性要求的。新时期开始不久，文论界开始了对于这种"物本"的文论观的批评，逐步走向强调主体性的"人本"。这就是发生在 20 世纪 80 年代中期著名的有关"主体性"的学术讨论，这次讨论基本上奠定了主体性理论在我国当代文论建设中的主导地位。特别是，相当一批理论家从马克思主义实践理论的立场出发，克服讨论中将主体论与反映论相对立的偏向，提出"审美的反映"等重要理论观念，成为新时期马克思主义文论建设的重要收获。但随之而来的就是，我国当代现实随着现代化的深入,人与人以及人与自然的和谐问题突出出来。这就使西方现代哲学与文论中的有关现象学"主体间性"理论和"交流对话"理论对我国文论建设中"共生"理念的发生产生重要影响。于是,随着"后实践美学"的讨论和文化诗学的发展,"主体间性"的理论观念逐步为多数学者接受。在此前提下,我国当代文论的现代转型具体表现为,由文艺的机械模仿论到审美反映论;由单纯的认识论文艺观到审美存在论文艺观;由人类中心的主体性文艺观到生态整体的生态审美观。所谓由文艺的机械模仿论到审美反映论,就是说传统文论将文艺看作对现实生活的机械模仿,而新时期则一改这种机械的文艺观念,以主体能动的审美反映取而代之,这恰同西方马克思主义文论的审美反映论相契合。所谓由单纯的认识论文艺观到审美存在论文艺观,则指有的传统文论仅仅将文艺看作对于现实生活的认识从而抹杀了文艺与科学的界限,而新时期我们吸收西方现代存在论文论的有益成分,将文艺的主要特性归结为通过审美经验的确立获取人的审美的生存;所谓由传统的人类中心的主体性文艺观到生态整体的生态审美观,是指启蒙主义以来特别强调人的理性的巨大作用张扬主体功能,而新时期我们在西方生态哲学与文学生态批评的影响下,一改人类中心的主体性文论而为强调生态整体的当代生态审美观文论。

当然,上述我国文论由"物本"到"人本"(主体性)再到"主体间性"(生态整体)的转变则已经是跨越了好几个时代,说明新时期我国文论发展的迅速。从纵向的角度来看,我国新时期文论建设经历了这样两个相关的过程。首先是初期的"由外向内"的转型过程,那就是"拨乱反正",调整文艺作为"阶级斗争工具"的理论观念,重视文艺自身的形式与审美特性。这就是我国新时期在西方新批评和形式主义文论影响下,于20世纪80年代与90年代初期文艺美学理论的提出和对艺术形式与语言等内部规律的强调,以及对文本批评的重视,等等。20世纪90年代中期以后,由于我国社会文化转型的加速和西方文化理论的影响,我国文论界发生了"由内向外"的转向。这就是我国当代文艺学领域对于文艺的意识形态等外部属性的新的阐释与强调,以及一系列有关大众文化理论的提出与讨论。我国新时期在历经了文艺的"内转"之后,在新的现实形势面前重新发现了忽视文艺的外部属性的局限,转而出现文艺外部属性研究的热潮。我国文论领域出现了意识形态研究、女性研究、种族研究、文化身份研究、新历史主义研究等等理论热点。文化研究愈加引起许多青年学者的重视,出现了引起整个文论界关注的"文学边界"与"日常生活审美化"的讨论。毋庸讳言,在消费文化日益发展的情况下,当代大众文化的空前勃兴的确促使文学边界的滑动和日常生活"审美化"现象的出现,但文艺学自有的价值判断功能,要求其对于"滑动"的文学与日常生活审美化中的种种低俗现象起到引导与提升的作用。这场讨论已经远远超越了讨论自身具体的内容,具有在崭新的社会与文化形势面前如何建设真正适应现实需要的文艺学理论的重大意义。经过新时期近三十年的文论建设,我们可以肯定地认为,我国当代文论尽管还在建构的过程之中,但在探索崭新的当代形态方面已经取得长足进步,并逐步努力实现与当代现实生活与现实文艺的适应。

新时期西方文论影响下的我国当代文论发展的另一个重要特点是,有力地促进了思想的解放,视野的拓宽,使我国当代文论呈现出从未有过的马克思主义指导下的多元共存的良好态势。列宁曾经在著名的《党的组织与党的出版物》一文中指出,在文学这个领域里,"绝对必须保证有个人创造性和个人爱好的广阔天地,有思想和幻想、形式和内容的广阔天地"。① 同样,作为对文学艺术进行研究的文艺学的发展,也需要自由的环境。

　　总结我国当代文论发展的历史,我们深感党的"百花齐放,百家争鸣"方针是完全正确的,是有利于文学与学术发展的。但长期"左"的思潮的干扰使得这一方针难以真正得到贯彻。但新时期近三十年,由于党的改革开放方针的有力贯彻,特别是由于党的"解放思想,实事求是"思想路线的指导,使得我国当代文论发展处于新中国成立以来最好的环境之中。这样的环境为我们广大文论工作者提供了从未有过的自由思考与研究的广阔天地,也为我们吸收引进和研究西方文论创造了一个非常宽松的环境,这正是我国当代文论繁荣发展的根本原因。正是在这种空前宽松的自由环境中,当代文论研究才能自如地与西方文论交流对话,从而打破我国长期以来文论领域单一的局面,走向马克思主义指导下的多元共存的新的局面。从研究方法的角度来说,我国当代文论目前有社会的、心理的、文化的、审美的、现象学、阐释学、新历史主义、语言学,甚至是自然科学等多种研究方法。从研究的领域来说,我国当代文论除了传统的中西马之外,还有西方马克思主义文论研究、审美教育研究、生态文艺研究、网络文论研究、文化诗学研究、女性文学理论研究,等等。从研究地域的角度来说,我国当代文论目前有中国文论、西方文论、东方文论、少数民族文论、华文文论,以及港澳台等地文论研究,等等。可以这样说,目前世界上已出现的文论领域在我国当代都有涉及。也可以说,目前我国当代文论是涉及的范围最广并与国际接轨的速度最

①《列宁论文学与艺术》,人民文学出版社 1983 年版,第 68—69 页。

快的时期。

　　新时期西方文论影响下的我国当代文论发展一个非常重要的成果，是经过新中国成立后五十多年，特别是近三十年的理论探索，我们初步找到了一条我国当代文论发展的古今中外综合比较的发展道路和方法。毛泽东曾经在一篇文章中为了强调方法的重要性而将其比喻为过河所必需的"桥或船"①。我国五十多年，特别是新时期三十多年文论探索的重点和难点就在于找到一条适合我国国情并行之有效的当代文论建设发展的道路和方法。这个道路和方法就是被许多文艺理论家所总结和认可的古今中外综合比较的道路和方法。这个问题是由我国当代老一代文艺理论家蒋孔阳于新时期初期在其晚年所著《美学新论》中提出的。他说："综合比较百家之长，乃能自出新意，自创新派。"②后来，这一综合比较方法被许多文艺理论家所进一步论述发挥。这个综合比较的道路和方法其实是文论研究观念的重大转变。长期以来，我国文论研究在一定的程度上受到机械僵化的形而上学思维的影响，认为"是就是是，非就是非"，是一种单向的线性的思维方法，缺乏在一定价值判断前提下的包容兼蓄。在文艺理论领域的表现就是在强调一种理论形态时必然地否定另外的理论形态，甚至将其视为"另类"。这是一种否定思想本身的发散性与多维性的形而上学思维方式，是违背学术发展规律和人的思维规律的。新时期以来，由于西方现代现象学"悬搁"主客对立的方法，哈贝马斯"对话"理论，巴赫金"狂欢"理论，德里达"去中心"等的引进，进一步促使我们对这种单向线性的形而上学思维方式进行突破，

---

①《毛泽东选集》第一卷，人民出版社1967年版，第125页。
②蒋孔阳：《美学新论》，人民文学出版社1993年版，第47页。

对于一种新的"亦此亦彼"的"共生"与"对话"的思维方式的倡导，才出现了我国当代文论发展道路与方法的全新变革。诚如钱中文所说，"应倡导一种走向宽容、对话、综合与创新的思维，即包含了一定的非此即彼、具有价值判断的亦此亦彼的思维。新的文艺理论的建设是要求新的思维方式的"。① 当然，这种综合比较是有着明确的立场的，这个立场就是我们的目的在于建设具有中国特色的当代马克思主义文论。这也就是我们综合比较的出发点之所在。这就决定了我们在吸收西方文论时不是为了吸收而吸收，更不是为了标新立异而吸收，而是为了发展建设具有中国特色的当代马克思主义文论而吸收，而引进。这种综合比较方法和立场的逐步明确使我国当代文论建设在处理中西关系时愈加成熟，也使建设具有中国特色的当代马克思主义文论这样的艰巨任务愈来愈有更多把握。

我们以实事求是的态度总结回顾新时期近三十年文论发展的历史时，必须而且应该找到自己的差距和问题所在。首先是新时期以来我们对西方文论吸收较多，消化不够，因而在建设具有中国特色的当代马克思主义文论的道路上仍有较大差距。新时期近三十年来，我们的确大量引进了西方文论，特别是西方现代文论。可以这样说，目前这种引进已经大致做到了同步，西方各种有代表性的理论我国基本都有相应的研究。我们对这些西方理论的使用也比较迅速及时，这应该讲是一种极大的进步。但与此相比，更为重要的我们对于西方文论的消化却十分缺乏，对于一些西方理论常常停留在直接引用的水平，有的甚至是知识性的错用。有的以此装点门面，形成概念的狂轰滥炸。与此同时，具

①钱中文：《文学理论：在新世纪的晨曦中》，《文学评论》1999年第6期。

有我国特色的当代马克思主义文论建构任务尚未基本完成。说我国当代文论"失语"可能有些过分，但说我国当代文论缺乏更多的属于自己的有特色的话语却是没有问题的。加上长期"欧洲中心主义"的影响和我国文论工作者外语表述的障碍，因此在国际文论讲坛上很少听到中国当代文论独特的声音。我国当代文论对于现实的指导作用也发挥得不够，理论不能适应现实需要的情况没有得到根本的改变。

实际上，我国当代文学艺术与人民的审美现实发生了巨大的变化。大众文化、影视文化、网络文化、先锋艺术等新的艺术与审美现实需要我们当代文论给予理论的分析和引导，但我们在这一方面却显得乏力。某种程度的理论的贫乏，已经成为对于我国当代文论带有共同性的评价。在整个当代文论建设中，对于民族文化传统体现的自觉性也不是太高，探索不力，效果不太显著。任何国家和民族都无例外地十分重视民族文化的弘扬，我国当代文论建设应该体现民族文化传统这是大家的共识。但在具体实践过程中，由于难度较大等种种原因，我们的自觉性不是太高。古代文论研究本身有与当代文论建设脱节的现象，以追求自身的理论自足为其指归，较少考虑古代文论的当代价值。因此，这一方面的成果，至今难以超过近代以来的王国维、宗白华与钱锺书等。回顾新时期近三十年我国文论建设历程，我们不得不说，这一时期的成果数量的确是空前的，当代文论的研究者数量也是空前的。但有质量的成果和本领域的杰出研究者却与此并不相称。由于市场经济的侵袭和体制性的种种原因，我们的研究工作还有诸多浮躁。无论是对西方文论，还是对于中国文论有见地的深入研究都显得缺乏。

总之，我们付出了努力，但我们还有差距。这些差距的出现有客观原因，但也有主观的原因。我们应该明确我们成功之所在，给予客观的实事求是的评价，这样我们才有前进的信心。但我们更要看到我们的差距所在，敢于正视这些问题，这样我们才能找到未来的前进方向。

（三）

总结历史是为了现在，所谓知古而鉴今。因此，我们的着眼点还是应该放在今天我国当代文论的建设之上。如何建设具有中国特色的当代马克思主义文论呢？无疑应从已有成果的基础出发，特别是从新时期这将近三十年的可贵成果的基础出发。我们已经说过，总结新时期我们最重要的体会是明确了我国当代文论发展的综合比较的方法与道路。因此，我们要继续坚持并发展这一综合比较的方法和道路。我国新时期文论发展的综合比较首先是中西文论的综合比较与吸收消化，已经表明这是行之有效的，有利于我国当代文论建设的，应该继续坚持。但新时期的综合比较也使我们得到一条最基本的经验，那就是必须在马克思主义的指导之下，具体地说就是在新时期"解放思想，实事求是"思想路线与"古为今用、洋为中用"方针的指导之下，这样我们才能明确方向，破除障碍，大胆吸收。同时，我们还应贯彻这一思想路线中十分可贵的与时俱进的精神，不断以文学艺术的新的经验和新的成果补充到马克思主义文艺学之中。由于我国当代文论应立足于建设，因此应该更加重视马克思主义基本理论的指导。我们认为，马克思主义创始人有关实践哲学的基本理论是对于西方传统哲学的重要突破，具有极为重要的当代价值，对于我国当代文论建设具有极为重要的指导意义，应该很好地学习运用。只有坚持马克思主义理论的指导，我国当代文论的建设才会具有更加明确的方向和扎实的根基，而在此基础上对于西方文论的吸收消化才会更加有效。在这一方面，今后除了大胆引进吸收的步伐不应放慢，与此同时还应加强对于西方文论，特别是西方现代文论的研究消化，克服食洋不化的问题，真正将其与我国的现实结合，化作自己文论的有机组成部分。当然，我国当代文论的建设还应更多地立足于建构。所谓"建构"是一种具有更多主观能动性的建设与创造。

我国新时期后十年已经逐步走向与西方现代文论较为冷静地对话，通过对话逐步地建构适合我国国情、具有中国作风与中国气派的新的文论形态。比较明显的，如，新理性精神的提出，就既吸收西方当代人文精神理论、对话理论，又努力结合中国当代现实，是一种新的文论建构的努力；文化诗学理论，既吸收西方当代文化理论，同时又注重我国传统诗学精神，将两者加以融合；当代生态存在论文艺学，既吸收西方现代生态哲学与生态批评理论，同时又吸收中国传统儒道"天人合一"思想，并紧密结合中国当代现实，也是一种中西与当代融合的尝试；文艺美学理论，是改革开放初期即已提出并不断有所发展的文论形态，既吸收西方当代文论内部研究与审美研究成果，又与我国古代诗论、画论与书论等理论成果相切合，是一种有生命力的中国当代文论话语；当代批评理论，是将西方当代文本批评理论与中国古代批评理论结合的尝试。凡此种种，只是其中几个典型例子，其他文论工作者的创新之处还有许多，都是我国未来有中国特色的新的文论建设的重要资源和起点。事实证明，只有从建构出发，才能更有利地吸收。当然，吸收也会有利于建构，两者相辅相成。这样，我们未来的吸收引进就会更加健康。当然，这种建构也仍然会是马克思主义指导下的多元性，这样，我国当代文论建设才能更加繁荣而富有生气。

　　紧密结合中国的实际是当代文论建设的重要坐标，我国当代文论建设应以此为方向，并从我国当代有中国特色的社会主义建设理论中吸取丰富的营养。2004年，我国在科学发展观的理论指导下提出构建和谐社会的战略目标。这是我国在面向21世纪之际总结国际国内社会发展经验而提出的具有划时代意义的重要发展战略和奋斗目标，反映了符合国际潮流和我国特色的社会历史转型的必然趋势。它是有中国特色的社会主义理论的进一步丰富，也是马克思主义在当代的新发展，包含着极其深刻而丰富的内涵，对于包括文艺学在内的当代人文社会科学建设具有十分重要的意义。对于正在建构中的我国当代文艺学来说，这一理论为其提供了一系列新的视角和新的维度，必将推动我国当代文艺学在当前这一转型期得到更好的发展。例如，科学发展观所包含的"和谐"理念、"全面进步"方针、"协调发展"政策、"以人为本"思想，以及建设"环境友好型社会"目标等，都将对我国当代文艺学发展以重要启示。特别应该引起我们重视的是，构建和谐社会理论意味着一种新的社会主义文明形态正在建构之中，并将逐步呈现在我们面前。在这种情况下，作为社会时代反映形式之一的文艺学学科的发展变革已是刻不容缓，需要我们从构建和谐社会理论等当代理论发展中吸取营养，逐步完成新世纪文艺学的现代转型，以适应日益发展的新的社会与审美现实的需要。

　　我国当代文论的建设，应该注意进一步与西方近代以来的工具理性加以区别，坚持文艺理论学科作为人文学科的性质，坚持文艺学学科的价值判断功能，扭转对于文学艺术着重于规律与本质研究的传统思路和所谓"价值中立"观念的不良影响，将其转到人的研究和人性揭示的人文学科的应有轨道上来。众所周知，我国当代正在进行的现代化宏大工程。同其他国家的现代化工程一样，这也存在着美与非美的二律背反。也就是说，它一方面以其空前规模的市场化、工业化与城市化使人们的生活极大地美化，但另一方面，又由此造成了金钱拜物、工具理性盛行、人的心理危机加剧等人的精神状态的非美化。再加上，当代大众文化的利益驱动的机制，必然在文化走向大众的同时出现低俗化倾向。凡此种种，都将人文精神的补缺作为当代社会发展的重要内涵。这正是文艺学在当代的作用之所在。我国提出的构建和谐社会理论、社会主义核心价值体系，都包含着极为深厚的人文精神内涵，对于我国当代马克思主义文艺学建设具有极为重要的指导意义。事实说明，文艺学的人文精神补缺作用主要是通过它的价值判断功能来发挥的。首先是审美的价值取向，分清美与丑的界限。这是文艺学的学科特性之所在，其他的价值判断都寓于审美的价值判断之中。它们包括道德的价值取向、意识形态方面的价值取向，以及对于人类前途命运终极关怀的价值取向等等。

在我国未来文艺学建设中，民族化仍然是非常重要的战略性任务。我国文艺学界有责任在新的世纪在世界文艺学领域发出中国自己的声音，以有中国民族特色的理论成果引起国际文艺学界的重视。我们应从更深层面的哲学精神与艺术精神出发发扬我国古代文论的当代价值。众所周知，我国的传统哲学精神是一种不同于西方"和谐论"的"中和论"。西方所谓"和谐"是指具体物质的对称、比例、黄金分割等微观的内涵，而中国的"中和"则包含天人、宇宙等宏观的内涵。前者带有明显的科学性，后者则带有明显的人文性。这样的"中和论"哲学思想完全可以成为具有民族性的当代文论的理论支撑。其实，所谓"中和"就是一种古典形态的"共生"思想。所谓"和实生物,同则不继""和而不同""生生之谓易""一生二,二生三,三生万物"等等,说明中国古代"中和论"思想是贯穿各种理论之中的,包括儒家的"中庸",道家的"道法自然",等等。这种古典的"共生"思想极具当代价值,经过改造吸收,可以成为当代世界具有标志性的哲学与思想理念。我们完全应该在当代文论建设中自觉体现这种"中和"的精神,并以之作为指导在现有文论基础上构建新的文艺理论形态。另外,我国古代的艺术精神是一种写意的"意境"精神,强调"象外之象,景外之景""味在咸酸之外""言有尽而意无穷",等等。这样的艺术精神与西方的"现实主义""浪漫主义"是大异其趣的,倒反而与西方当代现象学美学等"后现代"理论有着某种契合。我们完全可以在此基础上结合当代现实加以改造重铸,发展成新的有民族特色的文论精神。我国古代的哲学精神与艺术精神是非常丰富的,需要我们努力发掘,加以创新,经过几代人艰苦的努力奋斗,使我国当代文论以其鲜明的民族风貌,自立于世界文论之林。

对德国古典美学与中国当代美学建设的反思——由"人化自然"的实践美学到"天地境界"的生态美学①

反思是学术发展的动力。当我们对我国五十多年美学发展进行反思时,就会发现,在我国当代美学的发展中,德国古典美学的影响是一个十分重要的因素。它几乎渗透到我国当代美学发展的每一个角落,融进我们每个美学工作者的心田。

我们曾经对德国古典美学是如此地痴迷,将其看作是解读一切美学现象与艺术现象的宝典。但正如德国古典哲学和古典美学所告诉我们的,世界上的万事万物都是历史的,都是过程,没有永世不变的学术理论,也没有能够永远解读一切的宝典,新陈代谢是事物辩证发展的普遍规律。德国古典美学及其影响下产生的中国当代实践论美学思想,同样处在这种新陈代谢的辩证发展的历史长河之中。

(一)

从 20 世纪 50 年代中期开始到 20 世纪 80 年代中期结束的两

---

①原载《文艺理论研究》2012 年第 1 期。

次美学大讨论,是我国当代美学发展中最重要的事件。同时也使美学这个本来相对冷僻并不成熟的学科一度在我国成为显学,这两次美学讨论也成为我国当代美学工作者无法抹去的记忆。这两次美学讨论参加者之广,发表的观点之多,都是空前的。但给我们印象深刻的是所谓四大派美学观点,而其中又以实践论美学独树一帜。实践论美学因其既坚持马克思主义,又具理论阐释力而脱颖而出,成为中国当代美学的代表性理论成果。但通过认真地研究,我们发现,实践论美学所师承的并不是马克思主义哲学和美学,而是德国古典美学,特别是康德美学。实践论美学的倡导者在论述其美学的哲学基础"人类学本体论哲学"或"主体性实践哲学"时说道,"这两个名称是我在《批判哲学的批判》一书(1979—1984)中提出的","所以,它不是谈某种经验的心理学,而是源自康德以来的人的哲学","人类学本体论的哲学基本命题即是人的命运"①,"于是,'人类如何可能'便成为第一课题。《批判哲学的批判》就是通过对康德哲学的评述来提出和初步论证这个课题的"。② 实践论美学所一再坚持的"认识论"也早已被马克思在1845年《关于费尔巴哈的提纲》中当作"只是从客体的或者直观的形式去理解"的旧唯物主义加以超越。实践论美学倡导者所坚持的认识论哲学立场显然仍然是康德哲学的。其实,坚持康德哲学立场本也无妨,而且,《批判哲学的批判》是在我国当代哲学与美学发展中起过重要作用的论著。但作为学术问题,实践论美学的真正师承还是应该搞清楚的。

　　我们说实践论美学是对德国古典美学,特别是康德美学的师

①李泽厚:《美学四讲》,生活·读书·新知三联书店2004年版,第33—34、36页。
②李泽厚:《美学四讲》,生活·读书·新知三联书店2004年版,第36页。

承的一个重要根据已如上述,首先是在哲学立场上师承了康德哲学与美学的认识论哲学立场。众所周知,康德哲学与美学是对传统理性主义认识能力的探索,当然也包含了对传统理性主义独断论的怀疑。但他最后并没有突破这种理性主义独断论,只是在其上预设了一个主观先验的"先验原则"。以这个"先验原则"来实现真善美与知情意的统一,最后实现对世界的认识。实践论美学倡导者在其初期所持守的哲学立场还是很明晰的,就是坚持美的客观性与社会性。"美学科学的哲学基本问题是认识论问题。"①1979 年之后,实践论美学倡导者认为,他在《批判哲学的批判》中"认为认识如何可能,道德如何可能,审美如何可能,都来源和从属于人类如何可能"②。接着,他又论述了人类如何由使用生产工具的社会存在的工具本体,形成超生物族类的心理本体,认识、意志与审美都包含其中。以所谓"工具本体"置换了康德的"先验本体",其他一切如常,说明其总体上仍在康德哲学与美学的框架之内。康德哲学与美学包含着理性主义与人道主义两种理论倾向,但其人道主义并未突破理性主义而是在理性主义的框架之内。所以,康德哲学与美学仍然属于传统的理性主义认识论。这也就是实践论美学到后期试图跳出传统认识论,而始终未能跳出的原因所在。

　　实践论美学与德国古典美学、特别是康德美学的师承关系的另一个重要根据就是"自然的人化"这一著名的,同时也是极为重要的命题。"自然的人化"是实践论美学的核心命题,缺少了这一命题实践论美学就不复存在。那么,什么是"自然的人化"呢？实

①李泽厚:《美学论集》,上海文艺出版社 1980 年版,第 2 页。
②李泽厚:《美学四讲》,生活·读书·新知三联书店 2004 年版,第 36 页。

践论美学的倡导者指出："'自然的人化'可分狭义和广义两种含义。通过劳动、技术去改造自然事物,这是狭义的自然人化。我所说的自然的人化,一般都是从广义上说的,广义的'自然的人化'是一个哲学概念。天空、大海、沙漠、荒山野林,没有经人去改造,但也是'自然的人化'。因为'自然的人化'指的是人类征服自然的历史尺度,指的是整个社会发展达到一定阶段,人和自然的关系发生了根本改变。"①这里已经非常清楚地告诉我们,所谓"自然的人化"就是指"人类征服自然的历史尺度,整个社会发展达到一定阶段"。这个所谓"尺度"与"一定的阶段"就是指工业文明,指人凭借科技与工业的手段对自然的无所不在的征服与蹂躏。这与马克思批判资本主义对人与自然双重剥削的理论是不一致的,倒的确是来自于康德哲学。康德在他的著名的三大批判中明确提出了"人为自然立法"的所谓"哥白尼式革命"的重要结论。他说:"范畴是这样的概念,它们先天地把法则加诸现象和作为现象全体的自然界之上","自然界的最高法则必然在我们心中,即在我们的理智中"。② 同时,他又提出了"人是终结目的"的结论。他说:"没有人,全部的创造将只是一片荒蛮,毫无用处,没有终结的目的。"③康德美学也是一部以"美""崇高"与"艺术"作为桥梁实现由自然到人逐步生成,最后使美成为"道德的象征"的过程,亦即通过审美实现"自然的人化"的过程。由此可见,实践论美学的核心原则——"自然的人化"无疑也是师承康德的。

　　至于实践论美学的另一个重要美学原则"合规律与合目的统

①李泽厚:《美学四讲》,生活·读书·新知三联书店 2004 年版,第 75 页。
②转引自赵敦华:《西方哲学简史》,北京大学出版社 2001 年版,第 273 页。
③转引自赵敦华:《西方哲学简史》,北京大学出版社 2001 年版,第 284 页。

一"与德国古典美学,特别是康德美学的师承关系,那更是十分明朗的。诚如其倡导者所言:"如果用古典哲学的抽象语言来讲,我认为美是真与善的统一,也就是合规律性和合目的性的统一。"①康德美学以"审美判断"作为桥梁实现真与善,知与意的统一已是众所周知的美学常识。

综上所述可知,作为我国当代美学标志性成果的实践论美学实际上是直接渊源于德国古典美学,特别是康德美学。由此可见,德国古典美学对我国当代美学影响之深。

(二)

为什么德国古典美学会对我国当代美学产生这么大的影响呢? 这首先是由德国古典美学自身的水平及魅力所决定的。哲学是时代精神的精华,德国古典美学是西方古典和谐论美学的高峰,凝聚并闪耀着西方几千年古典文化艺术与美学思想的精髓与智慧之光。它上承古希腊罗马的和谐论美学的传统,并以其特有的哲学与美学智慧综合了欧洲理性派美学与英国经验派美学的积极成分,成为整个西方古代和谐论美学的总结。康德作为德国古典哲学与美学的开山鼻祖,又以其特有的综合性与"无目的的合目的性的""二律背反"等,吸纳并包容了最丰富的西方美学智慧。所以,黑格尔认为,康德说出了"关于美的第一个合理的字眼"②。对于整个德国古典美学,蒋孔阳的评价是:"从德国古典美学所包含的内容来看,它是对古希腊以来西方美学的批判性总

---

① 李泽厚:《美学四讲》,生活・读书・新知三联书店2004年版,第56页。
② 转引自[英]鲍桑葵:《美学史》,张今译,商务印书馆1985年版,第344页。

汇；从西方美学的发展脉络来看，德国古典美学是西方美学发展
史上继古希腊美学和启蒙主义美学以后的又一个发展高峰，而且
是西方近代美学的一个无法超越的高峰；从德国古典美学的影响
来看，它又是 19 世纪末至 20 世纪形形色色美学思想和潮流的直
接或间接的来源。"①由此可见，德国古典美学的影响从中国现代
美学初创的王国维、蔡元培，一直延续到当代的实践论美学就是
顺理成章的事情了。

　　另外一个非常重要的原因，就是中国从辛亥革命以来直至当
代的社会文化发展需要德国古典美学。中国作为后发展国家，其
现代化进程大约比西方发达国家要晚一个世纪，因此，中西之间
在哲学文化上有一个时间差。1831 年黑格尔逝世，标志着德国古
典哲学与美学的终结，西方哲学与美学领域开始超越以德国古典
哲学与美学为代表的启蒙主义"认识本体论"哲学与美学，走向
"人生—存在论"哲学与美学。但此时，德国古典哲学与美学却在
中国 19 世纪末至 20 世纪前期的现代化进程中找到适宜自己的
土壤。德国古典美学洋溢着启蒙精神，充满着人的自由解放的宝
贵内涵。它所主张的"美在自由""人是终结目的""美是无限自由
的理想""美是真与善的桥梁""美的特殊情感领域"等观念，成为
中国现代与当代美学建设的重要理论依据，发展演化出在中国现
代与当代风靡一时的"心育论""情育论""主体论"与"实践论"美
学思想。因为中国辛亥革命以来直至 20 世纪 80 年代的主要任
务就是大踏步地走向现代化，就是启蒙，就是人的主体性的觉醒
与发扬。启蒙主义的德国古典哲学与美学就这样必然地成为中

---

① 蒋孔阳、朱立元：《西方美学通史》第 4 卷，上海文艺出版社 1999 年版，第
　　3 页。

国现代与当代思想文化与美学建设的重要思想理论资源。实践
论美学,就是德国古典美学,特别是康德美学在中国当代土壤上
开出的一朵美学之花。

　　还有一个非常重要的原因,就是我国当代作为以马克思主义
为指导的国家,马克思主义经典作家对古希腊与德国古典哲学、
美学给予了较多的肯定,而且德国古典哲学又是马克思主义的三
个来源之一。因此,德国古典哲学与美学的研究必然成为我国当
代哲学与美学领域的重点与热点。同时,又由于新中国成立后我
国所面临的"两大阵营"冷战的国际背景,我国所必然选择的"一
边倒"的外交路线,以及国内长期坚持的"以阶级斗争为纲"的方
针,给包括第一次美学大讨论在内的美学研究打上了浓浓的政治
色彩,以致将美学研究与讨论归约为客观与主观两种观念的"斗
争",进而又归约为唯物与唯心两条哲学路线的"斗争",最后归约
为无产阶级与资产阶级两个阶级的斗争。这与文学领域所强调
的现实主义与反现实主义的"斗争"是完全一致的。将极为丰富
复杂的美学研究简单化地归结为空泛的"唯物与唯心"两条哲学
路线斗争,最后成为政治路线斗争,这就在很大程度上制约了美
学研究所需要的自由思想的空间。对当代美学研究,特别是第一
次美学大讨论作如是观,可能有些严重,但我们翻检这次讨论的
缘起及其发展,又不得不承认这是事实。实践论美学在这次讨论
中应该是比较学术化的一种理论形态,但是它对唯心主义奋起批
判的事实,及其对"客观性"与"认识论哲学立场"的竭力坚持,都
说明它同样产生于这样的背景。对这一问题有着比较清醒认识
的,倒反而是作为批判对象的朱光潜。他在 1957 年 8 月写道:
"谈到这里,我们应该提出一个对美学是根本性的问题:应不应该
把美学看成只是一种认识论? 从 1750 年德国学者鲍姆嘉通把美

学(Aesthetik)作为一种专门学问起,经过康德、黑格尔、克罗齐诸人一直到现在,都把美学看成只是一种认识论。一般从反映观点看文艺的美学家们也还是只把美学当作一种认识论。这不能说不是唯心美学所遗留下来的一个须经重新审定的概念。为什么要重新审定呢?因为依照马克思主义把文艺作为生产实践来看,美学就不能只是一种认识论了,就要包括艺术创造过程的研究了。"①又说:"目前在参加美学讨论者之中,肯定美客观存在于外物的人居绝对多数;但是在科学问题上,投决定票的不是多数而是符合事实也符合逻辑的真理。我相信这种真理,无论是在我这边还是在和我持相反意见者那边,总是最终会战胜的。"②我们没有说朱光潜的观点就一定正确,但他作为被批判对象能够坚持美学问题不是简单的认识论问题,也不是单纯的"美在客观"的问题,却是难能可贵的,反映了他少有的坚持与清醒。

(三)

马克思主义唯物辩证法告诉我们,一切理论形态与学术观点都是一种历史的形态,在历史中产生,并在历史中逐步退场。包括康德美学在内的德国古典美学是历史的,在其影响下产生的中国当代实践论美学也是历史的,它们都曾有过自己的兴盛与辉

---

①《中国现代美学名家文丛·朱光潜卷》,宛小平选编,浙江大学出版社2009年版,第158页。
②《中国现代美学名家文丛·朱光潜卷》,宛小平选编,浙江大学出版社2009年版,第152页。

煌，但也统统免不掉退出历史舞台的命运。历史已经证明，不存在任何一种永久有效、永久适应现实的美学理论。但这种退出是一种曾经有过光荣的退出，伴随着人们的怀念与敬意，而不是黯然消失。首先是德国古典哲学与美学伴随着黑格尔，特别是费尔巴哈的逝世而悄然退场。1886 年，恩格斯写了著名的《路德维希·费尔巴哈和德国古典哲学的终结》。恩格斯在文章的开篇就描述了德国古典哲学已经从德国和欧洲退场的事实。他说："我们面前的这部著作使我们返回到一个时期，这个时期就时间来说距离我们不过一代之久。但是它对德国现在的一代人却如此陌生，似乎已经相隔整整一个世纪了。"①他这里指的是费尔巴哈及其所处的德国古典哲学时期。如果以 1872 年费尔巴哈逝世为界，距离 1886 年也真的只有十多年，一代人而已，但费尔巴哈及德国古典哲学在 19 世纪 80 年代已经退出历史舞台，从而使人们感到"似乎已经相隔整整一个世纪了"。恩格斯进一步运用黑格尔的辩证法雄辩地论证了德国古典哲学必然退场的历史命运。他说："按照黑格尔思维方法的一切规则，凡是现实的都是合理的这个命题，就变为另一个命题：凡是现存的，却是应当灭亡的。"又说，黑格尔哲学的真实意义和革命性质"正是在于它永远结束了以为人的思维和行动的一切结果具有最终性质的看法。……这种辩证法推翻了一切关于最终的绝对真理和与之相应的人类绝对状态的想法。在它面前，不存在任何最终的、绝对的、神圣的东西；它指出一切事物的暂时性；在它面前，除了发生和消灭、无止境地由低级上升到高级的不断的过程，什么都不存在"。② 值得我

①《马克思恩格斯选集》第 4 卷，人民出版社 1972 年版，第 210 页。
②《马克思恩格斯选集》第 4 卷，人民出版社 1972 年版，第 212—213 页。

们注意的是,恩格斯对德国古典哲学的评论借用了这个哲学体系的一个专用名词"扬弃"。他说:"但是仅仅宣布一种哲学是错误的,还制服不了这种哲学。像对民族的精神发展有过如此巨大影响的黑格尔哲学这样的伟大创作,是不能用干脆置之不理的办法加以消除的。必须从它的本来意义上'扬弃'它,就是说,要批判地消灭它的形式,但是要救出通过这个形式获得的新内容。"①这里的"扬弃",是黑格尔辩证哲学的"否定"环节,是事物经过否定之否定前进发展的必要阶段。通过否定,抛弃消极因素,保留积极因素,进入崭新的阶段。我们对包括康德美学在内的德国古典美学,以及我国当代实践论等美学理论,都应取"扬弃"的态度,抛弃与保留并存,在批评中进入新的阶段。

更为重要的是,20世纪90年代中期,特别是21世纪以来的中国社会经济与文化发生了深刻的转型,迅速地由计划经济发展到市场经济,由工业文明发展到生态文明,由生产社会发展到消费社会。可以说,我国已经以极快的速度由现代社会进入了后现代社会与后工业社会,理性主义、主体精神与工具本体逐步被和谐社会、生态人文精神、共生精神与以人为本所取代。在这种情况下,以理性主义与主体精神为标志的包括康德美学在内的德国古典哲学与美学就不再完全适应中国当代社会文化建设的需要,而现象学与存在论等更具当代性的哲学与美学理论更多地进入人们视野,在中国化的马克思主义指导下,成为建设具有当代形态的中国美学的重要元素之一。

与此相应的是,实践论美学的弊端也逐步更加明显地显露出

①《马克思恩格斯选集》第4卷,人民出版社1972年版,第219页。

来。在说其弊端之前,我们应该先说一下实践论美学在当代中国美学理论建设中的贡献。前已说到,尽管有其特定的历史文化背景,在那样的背景下很容易使一切的理论走向非学术化与简单化。但我们还是要说,实践论美学是在那个特定历史阶段产生的具有较强学术性的一种中国形态的美学,它以其特有的理性主义与人文主义精神,特别是对人的理性精神与改造自然能力的张扬,在很大程度上适应与满足了中华人民共和国成立后,包括新时期人文主义启蒙的需要;它构建了包括"认识论—人类本体—自然的人化—积淀说"在内的具有相当的自恰性的美学理论体系,独树一帜。但随着时间的推移,其局限与弊端日益明显。对此,已有不少学者论及,我只加以简要论述。从哲学立场上来看,实践论美学所坚持的"主客二分"的认识论立场是与马克思的实践论立场及时代现实不相符的。历史已经证明,人与世界的"主客二分"的认识关系只在科学实验中存在,而并不是一种现实的存在。在现实中,人与世界是一种"此在与世界"的存在论关系,人与世界并非二分对立,而是生成于与世界须臾难离的生态系统之中。马克思的实践论也决不是"实践认识论",而是"实践存在论",是以生产劳动的社会实践为前提,以个体劳动者的生存为基础的阶级与人类解放的崭新的存在论哲学。这种"实践存在论"哲学摆脱了一切的感性与理性、主体与客体、人与自然、身与心的二分对立,走向"实践世界"基础上的新的统一。实践论美学正是基于这种"主客二分"的认识论,所以导致它的必不可免的一系列二分对立。首先是作为认识论哲学必不可免的"主客二分"对立,其次是以其"自然的人化"的原则导致了人与自然的对立。对此,我们下文再专门论述。然后就是感性与理性的二分对立。那就是实践论美学对康德美学"判断先于快感"命题的坚持,认为这是美感与快感区别的关键,也是审美心理的关键。① 在这里,实际上是将感性与理性人为地对立起来,而所谓"判断先于快感"也是人为预设的,在现实生活中根本不可能存在。在现实生活中,只有"判断与快感的相伴而生",决不存在什么"判断先于快感"。在身与心的关系上,实践论美学坚持西方理性主义美学,特别是康德静观美学,仅仅将视听界定为审美感官而否定嗅、触、味等感觉在审美中的作用,由此将身心割裂开来。②

　　下面我们要谈一下作为实践论美学基本原则的"自然的人化"。首先,这是对马克思的误读。因为马克思在《1844 年经济学哲学手稿》中有关"自然的人化"的论述,并不是在美学的意义上讲的,而且,马克思的有关人也按照"两个尺度"建造的思想本身即强调人的尺度要与物种尺度的统一,包含着浓郁的生态维度。因为,这里所说的"任何物种的尺度"明显的是指"自然物种的需要",是一种生态意识的表现。但实践论美学却将其解释为"依照客观世界本身的规律来改造客观世界,以满足主观的需要",显然是一种严重的误读。其次,实践论美学有着十分突出的"人类中心主义"倾向,明确地提出人成为控制自然的主人这种蔑视自然的观点。论者指出:"通过漫长历史的社会实践,自然人化了,人的目的对象化了。自然为人类所控制改造、征服和利用,成为顺从人的自然,成为人的'非有机的躯体',人成为掌握控制自然的主人。"③这显然是人类的一种不切实际的妄自尊大,是与当今生态文明时代的历史趋势不相容的。再次,实践论美学力主一种

①李泽厚:《美学四讲》,生活·读书·新知三联书店 2004 年版,第 110 页。
②李泽厚:《美学四讲》,生活·读书·新知三联书店 2004 年版,第 102 页。
③李泽厚:《美学四讲》,生活·读书·新知三联书店 2004 年版,第 58 页。

"工具本体"观念,将其哲学基本命题"人类学本体论"归结为"工具本体"①,并在探讨"自然美"之时主张"自然的人化",再次对"工具本体"观念进行竭力推崇,认为"不必去诅咒科技世界和工具本体,而是要去恢复、采寻、发现和展开科技世界和工具本体中的诗情美意"②。其实,"工具本体"是一种工具至上的观念,是工业革命早期的观念,比德国古典美学的"人是最终目的"的"人本体"还要落后。"工具本体"更不是马克思实践论哲学的必有之义。马克思强调从社会生产实践出发,通过无产阶级革命实现阶级和人类解放的"人本体",反对"工具本体",认为在资本主义制度下作为"资本"的生产工具是资本家的既剥削工人又剥削自然的重要手段,"工具本体"与马克思主义哲学作为无产阶级解放武器的性质是不相融的。我们并不赞成当代某些哲学与美学中完全否定现代性与科技作用的倾向,这种倾向将现代性与科技描写成一片阴沉,本身即是一种灾祸。这不仅是一种反历史主义的倾向,而且是对现代人类文明成果的抹杀。我们认为,现代性曾经创造了人类璀璨的文明,但其极为明显的压抑人性与破坏自然的弊端却不容忽视;科技是人类文明的成果与继续前行的重要动力,但唯科技主义与科技理性主义的膨胀则是现代性的负面反应与弊端之一,它的泛滥只能造成对人与自然的伤害。最后,"自然的人化"的观点还必然地否定了自然作为审美对象的可能,从而否定了自然审美,而只承认艺术审美,将艺术作为美学唯一的研究对象或主要研究对象,从而导致"艺术中心主义"。实践论美学中十分重要的"积淀说",只强调了人化的"自然"的价值,而完全

①李泽厚:《美学四讲》,生活·读书·新知三联书店2004年版,第36页。
②李泽厚:《美学四讲》,生活·读书·新知三联书店2004年版,第84页。

没有看到未经"人化"的自然的价值。宇宙、地球与自然万物，其价值怎一个"人化"与"积淀"就可概括？它们是人类生存之源、地球万物之母，具有着人类难以企及的价值。所以，人类不仅要改造自然，而且要敬畏自然，决不能仅仅将自然万物看作是可以随意"人化"的无生命的物质对象，而应将其视为人类生命之基，存在之源，永远同其保持友好的共生共在的关系。

总之，实践论美学与其借以产生的母体德国古典美学一样，也是一种历史的形态，有着难以避免的已经成为历史的那个时代的痕迹，在21世纪的今天，已经逐步失去其理论阐释力，只应作为中国当代美学发展链条中的一环，为新的美学理论形态的诞生作理论的准备。

（四）

当今，人类社会已经进入21世纪的第二个十年，我国的美学应该如何发展？这是众多同行学者都在考虑与探索的课题。问题的关键是要能找到一个贯通中西古今的"节点"，以此出发进行当代美学建设。有的学者提出"意境"说，有的提出"情味说"，有的提出"和谐说"，有的提出"意象说"……均有其道理与价值。我提出"天地境界"生态美学论，作为一得之见，参与到这场我国当代美学建设的探索之中。我们考虑的是，这个"节点"的选择如果完全从中国古代出发，其与当代的衔接与转接颇费周折，所以，还是从我国现代美学出发进行选择。"境界说"是被众多哲学家与美学家用得最多的一个概念。王国维、朱光潜、冯友兰、张世英等都曾明确提出过"境界说"，冯友兰与张世英明确提出"天地境界"理论，蔡元培的"以美育代宗教说"也包含着天地人生境界之义，丰子恺的人生"三层楼"思想尽管包含浓郁的佛学思想,但其实也是讲的"境界"。即便是实践论美学的倡导者在其后期,特别是面向新世纪之际也倡导"天地境界之说"。他的《关于"美育代宗教"的杂谈答问》明确地提出"审美的天地境界……是中国人的栖居的诗意或诗意地栖居"①。这其实已经突破了他在《美学四讲》中将"天人合一"解释为"自然的人化"的认识论美学思想,②在一定程度上走向了现代存在论。这里所说的"天地境界",实际上是一种"天人相和"的生态美学思想。诚如冯友兰在解释其"天地境界"时所说,处于这种境界中之人,"他不仅是社会的一员,同时还是宇宙的一员。他是社会组织的公民,同时还是孟子所说的'天民'。有这种觉解,他就为宇宙的利益而做各种事"。③ 张世英在其近著《哲学导论》的《论境界》一章中明确提出"万物一体""民胞物与"的精神境界。他指出:"如果我们能经常给儿童和青少年一种'万物一体''民胞物与'的精神熏陶,我想对于改变整个时代人们的普遍的精神境界将会有不可估量的作用。"④显然,冯、张两位的"天地境界"或"精神境界"是包含着明显的生态美学思想的。

新世纪"天地境界论"生态美学思想直接借鉴作为德国古典美学继承者与发展者的海德格尔的存在论哲学与美学思想。海德格尔在其《存在与时间》等代表性论著中明确阐明了他的哲学与美学思想与以康德、黑格尔为代表的德国古典哲学的继承与发

---

① 刘再复:《李泽厚美学概论》,生活·读书·新知三联书店 2009 年版,第230 页。

② 刘悦笛:《美学国际》,中国社会科学出版社 2010 年版,第 78 页。

③ 冯友兰:《中国哲学简史》,涂又光译,北京大学出版社 1985 年版,第390 页。

④ 张世英:《哲学导论》,北京大学出版社 2002 年版,第 88 页。

展关系。他突破了德国古典哲学与美学以实体性的理性作为本体的认识论，划清了存在者与存在的界线，走向以作为过程的"存在"作为"本体"的存在论，从而将人的存在奠定在"此在与世界"须臾难离的机缘性关系之上。他继承康德与黑格尔的"美在自由"说，但将德国古典美学的抽象的思辨中的"自由"发展到以"时间性"为特点的人的"生存"中的自由即诗意的栖居，从而将纯艺术的"理想"发展到人生的"四方游戏"与"家园意识"，从而使其哲学与美学具有浓郁的生态意识，成为"形而上的生态理论家"。他的"天地神人四方游戏"也与道家的"域中有四大，人为其一"（《老子·四十二章》）密切相关，从而使之与中国古代的"天人之际"理论密切相关。由此，海德格尔的"存在论"哲学与美学思想成为我国当代"天地境界"论生态美学的重要理论资源。

"天地境界论"生态美学思想也是中国当代建设生态文明社会的现实需要。我国2007年提出的"建设生态文明社会"的理论，标志着我国已经由工业文明时代过渡到后工业文明的"生态文明"时代，意味着一味强调"自然的人化"、人要"主宰"自然的"工具本体"的时代已经结束。时代要求我们由人与自然的对立走向人与自然的友好共生，由人对自然的滥用走向发展与环保的双赢。这就是"天地境界论"的生态美学所赖以生存发展的现实土壤。

"天地境界论"生态美学还植根于肥沃的中国传统文化土壤。著名文史学家钱穆将世界文化划分为西方型与东方型两类，这两类文化平行发展、互不冲突，交流甚少，各有偏重。① 实践论美学虽然精致，但以借鉴德国古典美学，特别是康德美学为主，难以与

①杨华、刘耀：《用历史研究回应时代拷问》，《光明日报》2011年8月1日第15版。

中国传统文化衔接。"天地境界论"生态美学立足于中国传统文化，具有很强的本土性。这种传统文化以农耕社会为经济社会根基，以"天人合一"为其哲学根基，以"中和之美"为其美学根基，以中国传统文学艺术、民间工艺以及民族生活方式为其艺术根基，包含"元亨利贞"四德之美，"气韵生动"艺术之美，"风雅比兴"诗乐之美，"福寿安康"生活之美……迥异于西方古代"科学论"哲学、"和谐论"美学、"模仿论"诗学与"感性论"艺术等。当然，中国古代"天人合一"论哲学与"中和论"美学需要经过现代的改造，吸收西方美学精华，立足中国现实土壤，镕铸创造出具有当代形态的"天地境界论"生态美学。运用这种新的美学形态在中华民族伟大复兴的过程中提升人民的境界，培养高素质的人才，建设诗意栖居的美好生活。

　　以上就是我自己对我国当代美学建设的一得之见，作为美学建设多元对话中的一种意见提出以就教于同行。

中西比较视野中的中国古代
"中和论"美学思想^①

当我们回头审视中国古代美学思想研究时,会发现一个问题,那就是我们长期以来采取的是"以西释中"的方法。例如,我们常常以西方"美是比例、对称与和谐""美是感性认识的完善"与"美是理念的感性显现"等概念范畴来解释中国古代的美学思想。事实证明,这显然是片面的。因为,按照这样的模式研究中国古代美学,就必然得出中国古代美学"还没有上升为思辨理论的地步"^②这样的结论。也就是说,按照西方的标准,中国古代美学与美育思想还处于"前美学"阶段,没有多少价值可言。这显然是不符合实际的,起码是一种比较严重的"误读"。其原因就在于,包括黑格尔、鲍桑葵在内的许多西方学者不了解中西不同的哲学文化背景,以及由此造成的美学与美育思想上的差异。要理解这种差异,首先就要了解中西方古代在哲学观点上的不同。中国古代是一种"天人合一"的哲学观,无论儒道,大体都是如此。只是儒家更侧重于人,而道家更侧重于天。西方则是一种"天人相分"的实体论哲学,或将世界的本质归结为"理念",或将世界的本原归结为"物

---

①原载《文史哲》2012年第2期。
②[英]鲍桑葵:《美学史》,张今译,商务印书馆1985年版,"前言"第2页。

质"（人间），但均为实体。正是这种不同的哲学观形成了中国古代"中和论"美学美育思想与西方"和谐论"美学美育思想的差异。

（一）

"天人合一"是贯穿中国古代文化始终的哲学观念。司马迁的《报任安书》抒发自己的志向时，写道："欲以究天人之际，通古今之变，成一家之言。""究天人之际"，是中国古代文化与哲学一以贯之的重大论题。"天人合一"命题集中地反映在《周易》之中。《周易·文言》写道："夫大人者，与天地合其德，与日月合其明，与四时合其序，与鬼神合其吉凶。"这说明，中国古代要求掌权者和文化人自觉地做到顺应天地、日月与四时的规律，做到"奉天时"，亦即"天人合一"，只有这样，才能吉祥安康。董仲舒在《春秋繁露》中明确提出"天人之际，合而为一"。对于"天"有多种解释，董仲舒更多倾向于"神道之天"，先秦时期的"天"则更多为"自然之天"，那时的"天人合一"更多包含人与自然统一的古代素朴的生存观。我们在这里主要探讨先秦时期的"天人合一"思想。在西方，古希腊时期的哲学思想主要是一种"天人相对"（主客二分）的实体论"自然哲学"思想。在对世界"本原"的探索上，中西之间也是有差异的。首先，中国古代的"天人合一"是一种古典形态的"生存论"哲学思想。"天人合一"实际上说的是人的一种"在世关系"，人与包括自然在内的"世界"的关系。这种关系不是对立的，而是交融的、相关的、一体的。这就是中国古代的十分可贵的生存论智慧。《论语·学而》说："礼之用，和为贵。"这里的"礼"主要不是日常生活之礼，而是祭祀之礼，"大礼与天地同节"（《礼记·乐记》）之礼；这里的"和"，可以理解为"天人之和"，是一种对"天人关系"的诉求。正如《周易》泰卦《象》所论:"天地交而万物通也,上下交而其志同也。"这说明,只有遵循天地阴阳相交相合的规律,人类的生存才能走向吉祥安泰。古希腊哲学主要是一种"求知"的哲学,亚里士多德在《形而上学》开篇的第一句话就说:"求知是人类的天性。"①因此,古希腊哲学家总是将世界的本原归结为某种实体,被誉为西方第一位哲学家的泰勒斯将世界的本原归结为"水",赫拉克利特则将世界的本原归结为"永恒的活火",而柏拉图则将世界的本原归结为"理念"②。由此可以看出,西方的"求知"与中国古代"天人相和"的差异。

　　其次,中国古代的"天人合一"思想是一种特有的东方式的有机生命论哲学。英国科技史家李约瑟曾在《中国科技史》第2卷《科学思想史》中指出,中国古代是有机论自然观。③ 此言甚确。有机论自然观就包含在"天人合一"思想之中。诚如《周易》所言:"天地之大德曰生"(《系辞下》),"生生之谓易"(《系辞上》),"有天地然后万物生焉"(《序卦》),等等。又如《老子·四十二章》所言:"道生一,一生二,二生三,三生万物。万物负阴而抱阳,冲气以为和。"由此可见,中国古代以"天人合一"为标志的哲学是一种以气论为中介的有机生命论哲学,强调天地、阴阳相分相合,冲气以和,化生万物。西方古希腊则是一种无机的、以抽象的"数"或"理念"的追寻为其旨归的哲学形态。古希腊的自然哲学中的"自

---

①亚里士多德:《形而上学》,吴寿彭译,商务印书馆2009年版,第1页。

②参见赵敦华:《西方哲学通史》第1卷,北京大学出版社1996年版,第9、14、104页。

③[英]李约瑟:《中国科学技术史·科学思想史》,何兆武等译,科学出版社、上海古籍出版社1990年版,第315、619页。

然"，并非指"自然物"，而是指一种抽象的"本原"与"本性"，是统摄世界的最高的抽象原则。因此，古希腊自然哲学是一种相异于中国古代有机生命论的"无机"的"抽象"的哲学。

最后，中国古代"天人合一"思想在本原论上力主一种主客混沌的"太极本原"论。诚如《周易·系辞上》所说："是故易有太极，是生两仪。两仪生四象，四象生八卦。八卦定吉凶，吉凶生大业。"这里所谓"太极"，是对宇宙形成之初"混沌"状态的一种描述，表现为天地混沌未分之时阴阳二气环抱互动之状，一静一动，自相交感，交合施受，出两仪，生天地，化万物。《周易》乾卦《象》指出："大哉乾元，万物资始，乃统天。"将"太极"之乾作为万物之"元"之"始"，也就是回到万物宇宙之起点。《周易·系辞下》还对这种"太极"之"混沌"和"起点"现象进行了具体描绘："天地氤氲，万物化醇；男女构精，万物化生。"这就是说，宇宙万物形成之时的情形犹如各种气体的渗透弥漫，阴阳交感受精，万物像醇酒一般地被酿造出来，像十月怀胎一样地被孕育出来。在这个"太极化生"命题中，《周易》提出了"元"和"始"的问题，也就是世界的"本质"问题。它的回答是：世界的本质既非物质，也非精神，而是阴阳交感、混沌难分的"太极"。这是一种主客不分，人与世界互在的古典现象学思维方法。古希腊自然哲学对世界本质的回答则是物质的实体或精神的实体，依据的是主客二分的逻各斯中心主义，这是一种与中国的"太极化生"本原论相异的主客对立的理性主义的思维模式。

（二）

正是以这种"天人合一"的哲学观为基础，中国古代发展出

"中和论"美学思想。早在先秦时期,古人就在"乐教"领域提出了"中和论"的美学思想。《尚书·舜典》即提出"律和声"的"中和论"美学思想:"帝曰:夔!命汝典乐,教胄子。直而温,宽而栗,刚而无虐,简而无傲。诗言志,歌永言,声依永,律和声。八音克谐,无相夺伦,神人以和。"荀子在《劝学》中明确提出"乐之中和"的命题,所谓"夫是之谓道德之极。礼之敬文也,乐之中和也,《诗》《书》之博也,《春秋》之微也,在天地之间者毕矣"。对"中和"思想作全面深入论述的,是《礼记·中庸》的所谓"喜怒哀乐之未发,谓之中;发而皆中节,谓之和。中也者,天下之大本也;和也者,天下之达道也。致中和,天地位焉,万物育焉"。尽管《礼记》并不是专门讲艺术教育的,但中国古代礼与乐紧密相联,强调所谓"礼乐教化",而所谓"中庸"又是讲道德的教化。因此,这一段论述用在艺术和艺术教育上应该是没有问题的。更何况,"位育中和"已经成为整个中国漫长中世纪的指导性思想原则,被刻在孔庙大成殿的门楣之上。当然,它对当时的审美与艺术教育也同样具有指导作用了。所以,将"中和论"作为中国古代占据主导地位的美学与美育思想,应该是可以成立的。它具有十分丰富的内涵,并对中国古代其他美学与美育观念具有指导与渗透的作用。

第一,"保合大和"之自然生态之美。冯友兰先生认为,中国是一个大陆国家与农业为主的社会,所以,"中国哲学家的社会、经济思想中,有他们所谓的'本''末'之别。'本'指农业,'末'指商业"。儒家和道家"都表达了农的渴望和灵感,在方式上各有不同而已"①。正因为中国古代哲学与美学表达的是对"农的渴望

————————

① 冯友兰:《中国哲学简史》,涂又光译,北京大学出版社1985年版,第23、25页。

和灵感",故而追求天人相和,风调雨顺,五谷丰登。《周易》乾卦《象》将之表述为"保合大和,乃利贞"。即言只有达到天人之和才能取得丰收。所谓"大和",即"中和","贞"乃"事之干也"。农业之事即为丰收。"太和",即"中和",就是《礼记·中庸》所说的"天地位",也就是《周易·文言》所说的"正位居体,美在其中"。也就是说,天地、乾坤各在其位,按照"易者变也"的道理,从乾下坤上与天下地上,通过"小往大来"之变化运动,天地各归本位,天地之气得以正常相交,生成万物。这就是通常所说的"泰"。《周易》泰卦卦辞云:"泰,小往大来,吉,亨。"泰卦《象》指出:"天地交而万物通也,上下交而其志同也。"与之相反的是否卦,坤下乾上,天上地下,二气不交,则有所谓"天地不交而万物不通也,上下不交而天下无邦也"。这种"保合大和""位育中和"的天人之和、风调雨顺的自然生态之美,成为"中和美"的主要内涵。这就是所谓的"正位居体,美在其中"。正是从这个意义上,我们说,中国古代美学是一种反映了内陆国家农业社会审美要求的自然生态之美。

第二,元亨利贞"四德"之吉祥安康之美。正因为中国古代主要的美的形态是"保合大和,乃利贞"的自然生态之美,所以,其具体表现形态就是"元亨利贞"之"四德"。《周易》乾卦卦辞:"乾,元亨利贞。"《周易·文言》加以阐释道:"元者善之长也,亨者嘉之会也,利者义之和也,贞者事之干也。君子体仁足以长人,嘉会足以合礼,利物足以和义,贞固足以干事。君子行此四德者,故曰'乾,元亨利贞'。"这是具体阐释了"保合大和"自然生态之美的具体内涵。所谓元亨利贞"四德",即强调君子顺应天道自然,既是造福于人民的四种德行,也是实现吉祥安康的四种美的举动。在这里,"四德"也即"四美"。

第三,"中庸适中"之适度适中之美。"中庸"之道是中国古代

"中和论"的题中应有之义。孔子说:"中庸之为德也,其至矣乎!民鲜久矣。"(《论语·雍也》)又说:"过犹不及。"(《论语·先进》)《礼记·中庸》指出:"君子中庸,小人反中庸。"又借孔子的话说:"隐恶而扬善,执其两端,用其中于民。"《礼记》在论述"中和"时也包含了"中庸之道"之意,所谓"喜怒哀乐之未发,谓之中;发而皆中节,谓之和"。这种"中庸之道"与中国传统哲学思想中"反者道之动"密切相关,即言一件事情做过头了就会走向自己的反面,所以要"执其两端,用其中"。这也与农业社会的人类生活受自然气候条件更多制约有关,必须极度谨慎严格地按照农时行事,做到"适度适中",反之,则"过犹不及"。具体言之,"中庸适中"的基本内涵:其一,"喜怒哀乐之未发"就是强调了情感的含蓄性;其二,"发而皆中节"就是强调了情感的适度性;其三,"天下之大本""大道",即言"中庸之道"反映了天地运行变化的根本规律。

第四,"和而不同"之相反相成之美。"和而不同"是"中和论"哲学与美学的重要内涵,具有极为重要的价值。《左传·昭公二十年》载,齐侯与晏子讨论"和"与"同"之关系:"公曰:'和与同异乎?'对曰:'异。和如羹焉。水、火、醯、醢、盐、梅,以烹鱼肉,燀之以薪,……声亦如味:一气,二体,三类,四物,五声,六律,七音,八风,九歌,以相成也;清浊、小大、短长、疾徐、哀乐、刚柔、迟速、高下、出入、周疏,以相济也。君子听之,以平其心。心平,德和。'"这里告诉我们,"和而不同"犹如制作美味佳羹,运用水火醋酱盐梅鱼肉等种种材料,慢火烹之,以成美味佳肴。这样的道理同样适用于音乐,美妙的音乐也是由不同的、甚至相异相反的元素经过调和而成,相辅相济。这样的音乐才能平和人心,协调社会。"和而不同"划清了"和"与"同"的界限,"同"是单一元素的组合,"和"则是多种元素甚至是各种相反元素的组合,这样才能创作出美妙之音,悦耳之音,与济世之音。这里包含着古典形态的"间性"与"对话"的内涵,十分可贵。

第五,"和实生物"的生命旺盛之美。中国古代文化不仅论述了"和而不同"的重要理论,而且进一步提出了"和实生物,同则不继"的重要观点。这其实是一种中国古典形态的生命论哲学与美学。《国语·郑语》记载了桓公向史伯请教"周其弊乎",即周朝为何没落的原因。史伯回答说其原因在"去和而取同",并就此解阐释道:"夫和实生物,同则不继。以他平他谓之和,故能丰长,而物归之。若以同裨同,尽乃弃矣。"在这里,史伯运用日常的生物学的规律来说明社会现象,指出:如果作物是多样的物种,就能繁茂地生长,并获得丰收;如果是单一的物种,则只能使田园荒废。社会现象与艺术现象同样如此,所谓"声一无听,物一无文,味一无果,物一不讲",所以,必须"和五味以调口,刚四肢以卫体,和六律以聪耳,正七体以役心,平八索以成人,建九纪以立纯德,合十数以训百体"。这恰是《周易》所说的阴阳相生,万物化合,所谓"生生之谓易""天地之大德曰生"。所以,"和实生物"正是中国古代"生命论"美学的典型表述,也是其有机生命性特点的表征。

第六,人文化成之礼乐教化之美。中国古代哲学与文化的根本宗旨是强调塑造君子的品德才华。《周易》贲卦《彖》曰:"柔来而文刚,故亨。分刚上而文柔,故小利有攸往。天文也。文明以止,人文也。观乎天文以察时变,观乎人文以化成天下。"贲卦卦象为离下艮上,离为火,艮为山,山被火照,光辉璀璨,无比美丽,这就是所谓"天文";从爻辞看,是反映结婚的热闹景象。《周易·易传》将其扩大到政治文化,所谓"观乎天文以察时变,观乎人文以化成天下"。《易传·说卦》对这种"人文化成"进一步加以阐发,指出:"昔者圣人之作《易》也,将以顺性命之理。是以立天之道曰阴与阳,立地之道曰柔与刚,立人之道曰仁与义。兼三才而两之,故易六画而成卦。"即认为圣人作《易》是试图以天道之阴阳、地道之柔刚、人道之仁义教化人民,建立人道之仁义。这种教化在中国古代主要借助于礼乐,就是所谓"礼乐教化"。《礼记·乐记》云:"是故先王之制礼乐也,非以极口腹耳目之欲也,将以教民平好恶,而反人道之正也。"也就是说,礼乐教化的目的是回到人道"仁义"之正途。

(三)

众所周知,古希腊倡导的是一种"和谐论"美学,毕达哥拉斯明确地指出,"什么是最美——和谐"①,并将"和谐美"的基本品格归之为"由杂多导致统一"②。古希腊"和谐美"的最主要代表者亚里士多德将美归结为"整一性",认为"美是要依靠体积安排,因为事物不论太大或太小都看不出它的整一性"。他还认为,美的"整一性"的主要形式是"秩序、匀称和明确"③。美学史家温克尔曼则将希腊古典美归之为"高贵的单纯,静穆的伟大"④。另一位美学史家鲍桑葵则将其归结为"和谐、庄严和恬静"⑤。

总之,无论如何概括,希腊古典美都是一种静态的形式的"和

---

① 转引自阎国忠:《古希腊罗马美学》,北京大学出版社1983年版,第23页。
② 《西方美学家论美和美感》,北京大学哲学系美学教研室编,商务印书馆1980年版,第14页。
③ 《西方美学家论美和美感》,北京大学哲学系美学教研室编,商务印书馆1980年版,第41页。
④ [德]莱辛:《拉奥孔》,朱光潜译,人民文学出版社1979年版,第5页注②。
⑤ [英]鲍桑葵:《美学史》,张今译,商务印书馆1985年版,第21页。

谐美","静态,形式与和谐"是其三要素,其核心内容则是"和谐"。由此可见,古希腊的"和谐论"美学之"和谐"是指一个具体物体的比例、对称、整一,是一种具体的美,与中国古代在"天人合一"哲学观基础上构建的"中和美"是有着明显差异的,不应将两者随意混同,更不应随意地以西释中。当然,两者之间的对话和比较、相互吸收则是完全应该的。

具体言之,两者有这样几点区别。其一,不同的哲学前提。中国古代的"中和论"美学是建立在东方"天人合一"哲学观基础之上的,而西方古希腊"和谐论"则建立在物质或理念实体性本原论哲学基础之上。其二,不同的民族情怀。中国古代的"中和论"美学思想反映的是一种以人文合天文的东方式古典人文主义,而西方古希腊"和谐论"美学则追求以"数"为最高统一的"和谐精神"。其三,对自然的不同态度。中国古代的"中和论"美学由于建立在"天人合一"哲学基础上,所以追寻一种"万物并育而不相害、道并行而不相悖"(《礼记·中庸》)的"万物齐一"的生态观;西方古希腊"和谐论"美学观由于遵循实体论本原说和逻各斯中心主义,必然在一定程度上站在"人类中心主义"的立场之上。其四,不同的内涵。中国古代的"中和论"美学思想是一种立足于"天人之际"的宏观的人与自然、社会融为一体的美学理论,西方古希腊的"和谐论"美学观则是一种微观的事物自身形式的比例、对称与整一。其五,侧重点的不同。中国古代的"中和论"美学侧重的是人的生存状态的吉祥安康,强调的是美与善的统一,而西方古希腊的"和谐论"美学侧重于事物自身的和谐,强调的是美与真的统一。其六,不同的艺术范本。中国古代的"中和论"美学所依据的艺术"范本"是以表意为主的诗歌与音乐,西方古希腊"和谐论"美学所凭借的艺术范本则是雕塑。其七,不同的发展趋势。

中国古代的"中和论"美学思想历经几千年历史,其艺术与美学精神在当代仍有其现实的生命力,其"究天人之际"的生态观,"和而不同"的对话精神,"生生之谓易"的生态论美学思想成为当代美学发展的源头之一。西方古希腊的"和谐论"美学思想的美学精神已融入当代美学之中,它作为古典时期特有的美学形态早已从19世纪下半叶开始就被逐步超越。

　　总之,"中和论"与"和谐论"作为中西古代美学理论形态,各有其优长,可谓"两峰并立,双水分流",在漫长的历史长河中滋养着人类的精神和艺术,应该通过对话比较,各美其美,互赞其美,取长补短,为建设新世纪的美学做出贡献。在这里,出现一个对于中西文化价值的认识问题,两者到底像许多学者所言是一种线性的西方进步中国落后,还是如梁漱溟、钱穆等学者所言是一种相互独立的不同类型的关系。从古代来说,显然是后者而不是前者。因此,作为中国学者应更多关注长期未得到应有重视的古代"中和论"美学智慧,予以深入地发掘整理,将之介绍于世界,发挥于当代。

中国古代生命论美学
及其当代价值①

（一）

　　中国古代美学的理论形态到底是什么？这是本文所要探讨的论题。为什么会探讨这一论题呢？首先是在美学的教学与科研工作中发现，中西美学理论形态并不完全切合。主要表现在，西方古代希腊的有关"对称、比例与和谐"的美学命题，以及作为西方美学典范表述的德国鲍姆嘉通有关"美是感性认识的完善"的论点，还有黑格尔的"美是理念的感性显现"等，与中国古代美学不完全切合。因而，导致西方理论家对于中国古代美学的否定。黑格尔曾说，包括中国与印度在内的东方艺术处于象征型的"艺术前的艺术"阶段②；鲍桑葵认为，东方美学没有上升为思辨理论的地步③；另一位德国哲学家文德尔班明确认为，中国古代没有哲学。联系上面黑格尔与鲍桑葵的论点，就出现了中国古代到底有没有与哲学关系极为密切的美学这样的问题。但是，美学

①原载《山东师范大学学报》2012年第5期。
②[德]黑格尔：《美学》第2卷，朱光潜译，商务印书馆1979年版，第9页。
③[英]鲍桑葵：《美学史》，张今译，商务印书馆1985年版，《前言》第2页。

作为人的审美生存与艺术生存的理论表述,具有五千年文明史的中国在古代肯定会有自己的美学,这是毫无疑问的。只是中国古代的美学形态具有相异于西方的特有的特点。

同时,实际生活中的事实告诉我们,中西在文化与艺术方面有着明显的差异。最突出的表现就是,中西医与中西古代绘画之间的差异。众所周知,中西医差异明显。西医完全凭借技术手段进行针对性的诊断与治疗,中医则是整体性的辨证论治与平衡论治。路数差异极大,但都能达到治疗的效果。古代西画是一种写实性的现实主义绘画,运用的是焦点透视;中国绘画则是一种写意性的绘画,运用的是散点透视。两者明显不同,但都是人类文化的瑰宝。以上差异告诉我们,中国古代美学一定具有不同于西方美学的自己特有的特点。

对于这样的特点,已经有一些中外前辈美学家与同行美学家进行了探讨。那就是,认为中国古代是一种不同于西方古代美学的生命论美学。当代美学家宗白华早在20世纪20年代就开始研究中国古代生命论美学,研究《周易》与中国古代绘画中的生命论美学思想。刘纲纪在宗白华之后著有《周易美学》一书,着重阐释了以《周易》为代表的中国古代生命论美学,及其与西方生命论美学的差异,并说:"实际上,在没有'美'这个字出现的许多地方,同样是与美相关的,而且常常更为重要。"①我们认为,这句话非常重要,可以看作是理解中国古代美学的一把钥匙。于民认为:"我们要深入理解中国美学思想特点的形成与由来,就不能不对我国远古时期宇宙、人体、生命科学(即'气'的体验科学)的产生发展与原始社会向奴隶制社会的过渡特点,以及由此而形成的君

①刘纲纪:《周易美学》,武汉大学出版社2007年版,第16页。

主专制的奴隶制、封建制的农业大国的特点有所理解。"又说："像中西对比者所列举的那么多的不同于西方文化的特点，追其最终之源，就在于那不同文化不同思维背后的实验科学与体验科学的不同与对立。正是这两种科学的不同导致西方'物质文化'与中国'心性文化'，'重智'、'重分'文化与'重德'、'重和'文化的不同与对立，导致上述中国古代审美观念种种特点的出现与发展。"①美国当代实用主义美学家舒斯特曼在谈到他的身体美学研究时，表露了他对中国古代《黄帝内经》的极大兴趣。《黄帝内经》是我国古代继《周易》之后又一本非常重要的论述中国古代生命论哲学的论著，其中包含着丰富的中国古代生命论与养生论智慧，除重要的医学价值外，还有其至今没有被充分重视的美学价值，值得我们研究与发掘。

（二）

既然中国古代美学是一种相异于西方古代实体性美学的生命论美学，那么其内涵是什么呢？

首先，我们应该弄清楚中国古代生命论美学产生的原因。其原因之一就是中国古代特有的不同于西方古代、特别是古希腊的地理环境与经济社会情况。中国在地理上处于亚洲内陆的温带，总体上是一种相对独立而封闭的内陆的自然与社会环境，土地肥沃，雨量充沛，适宜于农业；古希腊濒临地中海，山多地少，适宜于航海与商业。所以，古希腊是一个以航海与贸易为主的国家，古

―――――――――

①《中国美学史料选编》，于民主编，复旦大学出版社 2008 年版，《中国古代各历史时期美学思想发展概述》第 2、6 页。

代中国则是一个农业国家,重农轻商成为其经济社会特点。这就形成了这两种社会形态不同的价值目标与生活追求。古希腊追求与航海贸易直接有关的科技、航运与海外拓展,而中国古代则追求风调雨顺、万物繁茂与安居乐业。在古希腊的地理环境与经济社会条件下,较易发展实体性哲学思维;中国古代那样的内陆与农耕条件,则适宜于发展有利于农业生产与人的生存的生命论哲学思维。

如上所述,在中西不同的自然地理社会环境下形成了古希腊与古代中国不同的哲学诉求。古希腊的哲学诉求可以概括为实体性哲学诉求,而中国古代则可以概括为气本论生命哲学诉求。两者之间有着极为明显的差异。首先从宇宙的本源论来说,古希腊是一种实体性本源论,认为宇宙的本源是物质的"火"或"理念"。中国古代则是一种混沌的"气"。老子有言:"道生一,一生二,二生三,三生万物,万物负阴而抱阳,冲气以为和。"(《老子·四十二章》)这里指出了宇宙之初分为阴阳二气,冲气以和才产生万物,已经道出"气本论生命哲学"的要旨。其后,《周易·易传》进一步将之发挥,提出"太极化生"的理论,所谓"是故易有太极,是生两仪,两仪生四象"(《周易·系辞上》),并具体描绘了阴阳之气化生万物的过程:"天地氤氲,万物化醇;男女构精,万物化生。"(《文言》)这里的"氤氲"即指阴阳二气交感绵密之状,说出了阴阳二气化生万物的混沌之情态。庄子曾经在《应帝王》中讲了一个有关"混沌"的寓言:"南海之帝为儵,北海之帝为忽,中央之帝为混沌。儵与忽时相遇于混沌之地,混沌待之甚善。儵与忽谋报混沌之德,曰:'人皆有七窍,以视听食息。此独无有,尝试凿之。'日凿一窍,七日而混沌死。"这个寓言道出了作为宇宙本源的"中央之帝"混沌是七窍不分的,混沌一体的,如欲将之分开,必将置之死地。

中国古代气本论哲学是一种有机的生命论哲学,阴阳二气与男女二性通过化醇与构精,诞育万物生命。这是气本论哲学的要义所在。所以,《国语·郑语》说:"和实生物,同则不继。"《周易》指出"生生之谓易"(《系辞上》),又言"天地之大德曰生"(《系辞下》),进一步强调了中国古代生命论哲学的特点。古希腊是一种无机性的物质性的哲学,德谟克利特提出著名的"原子论",亚里士多德的《物理学》是对于物质的探讨。无机性与物质性必然导致对于数的重视,从而出现明显的"逻各斯中心主义",并一直延伸至现代。

中国古代的气本论生命哲学是一种"万物一体"的哲学,是与人类中心论相悖的。庄子说道:"天地与我并生,而万物与我为一。"(《齐物论》)又说:"以道观之,物无贵贱。"(《秋水》)他还在《知北游》中认为梯稗、瓦甓、屎尿、蝼蚁与人都是平等的,因为,道"无所不在"。古希腊则是一种理性主义哲学,是将具有理性的人放在世界中心的,正如普罗泰格拉所言:"人是万物的尺度。"

中国古代气本论的生命哲学还是一种人生的哲学,古希腊实体性哲学则是一种带有物质性与科技性的哲学。中国古代气本论生命哲学起源于远古时代,此后,体现于道家思想之中,"天人合一"侧重于"天";体现于儒家思想之中,"天人合一"侧重于人。作为儒家思想的继承与发展的经典《周易》,是中国古代气本论生命哲学的集中体现,《周易》在"天地人"三维之中,主要侧重的是"人",是以解人世之安危为其主旨。诚如《易传》所言:"易之兴也,其当殷之末世,周之盛德耶? 当文王与纣之事耶? 是故其辞危。危者使平,易者使倾。其道甚大,百物不废。惧以终始,其要无咎。此之谓易之道也。"(《系辞下》)《周易》起源甚早,但完全成书则为殷商之时。《易》的写作就为借鉴于历史，使危者得以平息，倾斜的形势得以扭转，国事不致荒废，人民得以安宁。所以，《周易》将"保合太和，乃利贞"(《彖》)作为其主旨，将"元亨利贞"四德作为其重要价值取向。

（三）

在论述了中国古代气本论生命哲学产生的原因之后，我们再进一步讨论其美学内涵。它在美学领域的表现，非常丰富而且自有其特点。首先是表现在中国古代养生论之中。养生是中国古代哲学、医学中的一个极为重要的现实与理论的论题，而且，养生的理论与实践深深地影响了中国古代人的审美与艺术观念与实践，所以，中国古代养生的理论与实践也是一种人生美学与身体美学。庄子著有的《养生主》，提出通过"安时而处顺"得以"全生""养亲"与"尽年"。而"天地之大德曰生"成为《周易》的重要主旨，具有"趋吉避凶"之意，也应包含在养生的理论与实践之中。成书于秦汉之际的《孝经》，明确提出"身体发肤，受之父母，不敢毁伤，孝之始也"，也是一种重要的养生之理论观点。我们这里要着重探讨的则是大约成书于春秋时期的重要中医学论著《黄帝内经》中的养生理论与实践。《内经》与《周易》一脉相承，所谓"易肇医之端，医蕴易之秘"，"是以易之为书，一言一字皆藏医学之指南"。《内经》作为"至道之宗，奉生之始"[1]，包含着丰富的养生内涵，成为中国古代养生理论的集大成者，必然包含着极为珍贵的东方人

---

[1]《中医基础理论》，高思华等主编，人民卫生出版社 2012 年版，第 16—17 页。

生美学与身体美学。它在《灵台秘典论》中提出"故主明则下安，以此养生则寿"，说明保护好心脏则其他脏腑与经络就会安全，以此养生就能长寿，点出了该书养生的要旨。另外，提出了养生的两个要诀。其一是"治身"之法："为无为之事，乐恬淡之能，从欲快志于虚无之守。"（《阴阳应象大论》）这其实是倡导道家的"顺其自然"的养生之道。其二是"圣人不治已病治未病"（《四气调神大论》）。这实际上是一种防患于未然的养生保健思想。《内经》将养生目标定位于"真人""至人""圣人"与"贤人"几个阶段，尽管做不到"真人""至人"与"圣人"的"寿蔽天地"，但像"贤人"那样"法则天地，象似日月，辩列星辰，逆从阴阳，分别四时，将从上古，合于同道，亦可使益寿而又极时"（《上古天真论》）。

　　《内经》的养生之要旨，可以概括为"天人合一之整体论""阴阳相和之均衡论""形神统一论"与"合于四时之现实性"四个要点。首先是"天人合一之整体论"养生观。《内经》遵循中国古代"天人合一"思想，提出了极为重要的"气交"的思想。《六徽旨大论》借用皇帝与岐伯的对话提出"气交"的论题。"帝曰：愿闻其用也。岐伯曰：言天者求之本，言地者求之位，言人者求之气交。帝曰：何谓气交？岐伯曰：上下之位，气交之中，人之居也。"所谓"气交"，就是具体描述了所谓"天人合一"，即阴阳二气上升与下降之相交的过程。这种"气交"之处即为人之居所。这就给人，也给人之养生一个非常重要的定位。那就是人之生存与养生都是在天人之际与阴阳相会之中的。人与天地构成一个须臾难分的共同体。所以，人之养生必须在"天地人"的共同体之中。所以，"天地之间，六合之内，其气九州、九窍、五脏、十二节，皆通乎天气。其生五，其气三，数犯此者，则邪气伤人，此寿命之本也"（《生气通天论》）。这说明，人的脏腑经络关节都是与天地相联系的，养生与治病必须顾及到天地之气。这是寿命之本，也是养生之本。这就将养生与天气气候以及自然环境紧密相连，是一种整体性的科学养生观。其次是"阴阳相和之均衡论"。阴阳相和达到均衡，是中国古代养生的重要内涵。《内经》提出阴阳相和为养生与治病的"圣度"，即最高的规范。它说："凡阴阳之要，阳密乃固。两者不和，若春无秋，若冬无夏。因而和之，是谓圣度。"(《生气通天论》)众所周知，《内经》以阴阳五行作为其养生与治病的重要理论根据。它所说的阴阳范围非常广泛，包括天与地、南与北、春夏与秋冬、背与阴、脏与腑，等等，阴阳之均衡成为养生与治病的要旨。《内经》还进一步论证了阴阳相和的重要性，认为"是以圣人陈阴阳，筋脉和同，骨髓坚固，气血皆从。如是则内外调和，邪不能害，耳目聪明，气立如故"(《生气通天论》)。这里充分阐明了阴阳相和的重要效果。其三是"形神统一论"。《内经》明确提出"形与神俱"的养生观念。所谓"上古之人，其知道者，法于阴阳，知于术数，食饮有节，起居有常，不妄劳作，故能形与神俱，而尽终其天年，度百岁乃去"(《上古天真论》)。在形与神中，《内经》更加强调对于神的养护，所谓"恬淡虚无，真气从之，精神内守"(《上古天真论》)。当然，《内经》也没有忽视形体的养护，所谓"外不劳形于事，内无思想之患。以恬愉为务，以自得为功。形体不敝，亦可以百数"(《上古天真论》)。在重视形体养护中，还是没有忘记"恬淡为务"的精神养护。《内经》养生的一个最普适性的目标就是使普通之人成为"平人"。所谓"平人"即为无病的健康之人，《内经》指出"平人者不病"(《终始》)。所谓"平"，就是"平舒"之意。可见，阴阳均衡是《内经》养生论的重要内涵。其四是"合于四时之现实性"。非常可贵的是，《内经》所代表的中国古代养生理论与实践是一种在现实时空中生命运行的"合于四时"的理论与实践,具有极大的可操作性与价值。《内经》首先论证了生命自身不断地在动态中运动呼吸的观念。它指出,"夫物之生从于化,物之极由乎变,变化之相薄,成败之所由也。故气有往复,用有迟速,四者之有,而化而变,风之来也","成败倚伏生乎动,动而不已,则变作矣"。又指出:"出入废则神机化灭,升降息则气立孤危。"(《六徽旨大论》)说明生命就是一个在时空中气息往复、升降与变化的过程,这一过程的停止就是生命的孤危与化灭。运动的生命就一定是现实的,在一定的时空之中。那么,适应时空的变化才是养生之大要。《内经》阐述了客观时空的变化,所谓"春生夏长,秋收冬藏,是气之常也,人亦应之。以一日分为四时,朝则为春,日中为夏,日入为秋,夜半为冬。朝则人气始生,病气衰,故旦慧;日中人气长,长则胜邪,故安;夕则人气始衰,邪气始生,故加;夜半人气入藏,邪气独居于身,故甚也"(《顺气一日分为四时》)。具体阐述了春夏秋冬四节的节气变化状况,并阐述了一日四时的气候变化特点及其与人体的关系。《内经》还阐述了人体自身一日之中的变化状况。它以阳气为例,指出:"平旦阳气生,日中而阳气隆,日西而阳气已虚。"(《生气通天论》)为此,《内经》提出了人要适应四时节气变化以养生的道理:"四时阴阳,尽有经纪。外内之应,皆有表里。"(《阴阳应象大论》)《内经》所论以上四点养生之道,即便在今天仍有其重要价值,一定会对当代人生美学与身体美学的建设提供宝贵的营养财富。

中国古代生命论哲学与美学体现在艺术上非常明显。首先集中地体现在中国古代绘画的"气韵生动"理论之上。这是南齐谢赫在《古画品录》中所说:"六法者何? 一气韵生动是也,二骨法用笔是也,三应物象形是也,四随类赋彩是也,五经营位置是也,六传移模写是也。"六法之中,谢赫将"气韵生动"放在首位,在六法中处统领地位。丰子恺认为:"谢赫的气韵生动说为千四百年来东洋绘画鉴赏上的唯一标准。"①宗白华认为:"气韵生动,这是绘画创作追求的最高目标,最高的境界,也是绘画批评的主要标准。"②可以说,"气韵生动"不仅概括了中国古代绘画的基本特点,而且概括了中国古代艺术的基本美学特征。那么,什么是"气韵生动"呢? 宗白华指出,"中国画的主题'气韵生动',就是'生命的节奏'或'有节奏的生命'"。"气韵"表现为一种音乐感,"生动"则是热烈飞动,虎虎有生气。他进一步解释道:"中国画所表现的境界特征,可以说是根基于中国民族的基本哲学,即《易经》的宇宙观:阴阳二气化生万物,万物皆禀天地之气以生,一切物体可以说是一种'气积'。这生生不已的阴阳二气织成一种有节奏的生命。"③那么,如何做到"气韵生动"呢? 那就要依靠六法中的其他五法,特别是"骨法用笔"了。因为,中国画与书法关系密切,不像西画与雕塑密切。所以,中国画主要依赖笔墨来表现其"有节奏的生命"。所谓"骨法",就是笔力、主干之意,也就是一种生命之力。如何在笔墨中体现"笔力"(生命力)呢? 那就要凭借一种"自然"的创作原则。对于"自然",清人唐岱有言:"自天地一阖　辟,而万物之成象,无不由气之摩荡自然而成。画之作也亦然。古之作画也,以笔之动而为阳,以墨之动而为静而为阴。以笔取气为阳,以笔生彩为阴。体阴阳以用笔墨,

①《中国现代美学名家文丛·丰子恺卷》,金雅编,浙江大学出版社 2009 年版,第 140 页。
②宗白华:《艺境》,北京大学出版社 1987 年版,第 338 页。
③宗白华:《艺境》,北京大学出版社 1987 年版,第 118 页。

故每一画成,大而丘壑位置,小而树木沙石,无一笔不精当,无一点不生动。"①可见,中国画将阴阳相生的哲学理念运用于笔墨绘画,在天与地、直与曲、山与水、墨与白、长与短、开与合,以及粗与细等阴阳对比中表现出生命力量。例如,清代石涛的《春江垂钓图》就通过简约的笔触,通过山石、垂柳与春江等景色,在天与人、山与水、石与树以及画与白的对比中渗透出一种人与自然相融,超然物外的生命情感力量。石涛在题画诗中说道:"天空云尽绝波澜,坐稳春潮一笑看。不钓白鱼钓新绿,乾坤勾在太虚端。"更进一步点出了这种人与自然大化融为一体的精神力量。正如他在另一首诗中所言:"吾写此纸时,心入春江水。"说明石涛力图将自己融入春江之水等自然大化的精神追求。与此相反,西画则运用一种模仿自然的"科学"的方法,在笔法上追求一种与自然对象吻合一致的描写手法,而不是中画的"阴阳骨法"。同时,中国画还通过散点透视的方法,表现人在现实生活中从各个不同角度在动态中欣赏自然,并与自然融为一体的生命过程。例如,宋代张择端所画《清明上河图》,纵 20.8 厘米,横 528.7 厘米,涉及男女老幼人等 350 多人,各种房屋桥梁、船运车马、民间风俗等。该画采取了"景随人迁,人随景移,步步可观"的散点透视之法,仿佛人沿着汴河随行随看,实际上已经走入景中,与景中人物融为一体,是一种现实的生命活动过程。2010 年上海世博会中国馆就从这种散点透视中获得启发,设计了一幅《清明上河图》,参观者似乎可以走进画面之中,边行边看,富有创意。再如,中国画的构图,采取"三远"之法进行创作,可以从山下而仰视山巅,即为高远;可以从山前而窥视山后,即为深远;亦可从近

---

① 《历代论画名著汇编》,沈子丞编,文物出版社 1982 年版,第 71 页。

山而遥望远山，即为平远。这就仿佛从前后上下不同视角观看山水，是一个人围着山前后左右观赏的反映，是一种现实中人的生命活动过程。总之，中国画是一种"气韵生动"的生命力量的表现，迥异于西画的写实，是中国古代生命论哲学与美学的具体反映。

同样，在中国古代诗歌中的"诗言志"，也是一种对于天人相和中生命力量的表现。较早提出"诗言志"的《尚书·尧典》说："帝曰：'夔：命女典乐，教胄子。直而温，宽而栗，刚而无虐，简而无傲。诗言志，歌永言，声依永，律和声。八音克谐，无相夺伦，神人以和。'夔曰：'於！予击石拊石，百兽率舞。'"这里，"诗言志"之"志"即为"神人以和""击石拊石，百兽率舞"之志，明显包含着巫术仪式中"天人相和""万物诞育"的生命之力，以及原始艺术的击石拊石、率百兽而舞的粗犷的张力。在古代，礼乐舞诗是统一的，荀子《乐论》论述了"舞意天道兼"之意："故鼓似天，钟似地，磬似水，竽笙、箫和、管籥似星辰日月，……曷以知舞之意？曰：目不自见，耳不自闻也，然而治俯仰、诎信、进退、迟速莫不廉制，尽筋骨之力，以要钟鼓俯会之节，而靡有悖逆者，众积意讙讙乎！"这里说明，在古代乐舞过程中，其乐器是对于天地日月星辰万物的模仿，其舞也在俯仰、进退与迟速之间，不仅表现了筋骨之力，而且反映了"天道"之意。至于盛行于中国古代诗歌创作与理论中的"文气"之说，更是一种生命论美学的体现。汉末曹丕在《典论·论文》中说道："文以气为主，气之清浊有体，不可力强而致。譬诸音乐，曲度虽均，节奏同检，至于引气不齐，巧拙有素，虽在父兄，不能以移子弟。"可以说，"文气"说贯穿整个中国古代美学与文学理论。著名的"意象"与"意境"之说，其要旨是唐司空图在《与极浦书》中所戴叔伦之语："诗家之景，如蓝田日暖，良玉生烟，可望而不可置于眉睫之前也。象外之象，景外之景，岂容易可谭哉？"这里的"象外之象，景外之景"就是富有生命之力的"文气"。例如，王维《鹿柴》诗："空山不见人，但闻人语声。返景入深林，复照青苔上。"写的是自然之景，但其意却在"空山无人"之山景之外，表达了一种超凡出世的生命意向。这是西方艺术中所少见的。包括中国古代的文论的"滋味"之说都具有生命论美学的内涵。南朝钟嵘在《诗品序》中说道："五言居文辞之要，是众作之有滋味者也，故云会于流俗。"这也是倡导诗歌艺术要做到强烈的情感色彩与鲜明的艺术形式的高度统一，从而做到人们可以凭借形而上与形而下的感官得以对其加以无穷的品味，实际上也是一种东方特有的生命的审美。至于中国民间艺术，更是一种生命艺术的直白表达。这种生命艺术是一种中国古代作为农业社会，其人民对于风调雨顺、五谷丰登、丰衣足食与吉祥安康的向往与追求。这是一种古典形态的生存与生命之美，就是《周易》所说的"元亨利贞""四德"之美。例如，年画的"年年有鱼""五谷丰登""鲤鱼跳龙门"等，以及中国特有的门神图，等等；剪纸艺术中"福禄寿""喜鹊登枝""双喜临门"，等等，都是中国特有的祈盼生命与生存美好的民间艺术形式。

（四）

中国古代生命论美学是一种产生于前现代农业社会的东方美学形态，它的气本论生命哲学基础、混沌未分的理论内涵以及朦胧的美学特征，具有阐释中国古代人民审美生存与艺术生活的特有价值。但工业革命以降，西方世界盛行工具理性，科技主义占据统治地位，主客二分的实体性哲学形态与美学成为时代的主流。在这种情况下，混沌未分的中国古代生命论哲学与美学必然地与西方理性主义哲学与美学相背离，其受到忽视与排斥也是必然的。但20世纪后半期以来，人类社会进入了"后工业革命"时代，即所谓"后现代"，发生了明显的经济社会与文化转型，逐步地由工业文明进入生态文明（后工业文明）；以共生的"间性"哲学代替了传统的工具理性哲学；以平等对话代替了传统的"欧洲中心主义"；由美学向自然与生活的扩界代替了传统的"艺术中心主义"。在这种情况下，中国古代的生命论哲学与美学迎来了其特有的发展机遇，可以发挥其特有的价值。

因为在中国古代生命论哲学与美学之中包含着"后现代"所需要的生态文化内涵、万物一体的间性哲学智慧、"和实生物"的共生理论，以及生活与生命哲学与美学资源。特别在建设后现代生态美学之际，中国古代生命论哲学与美学智慧更具有其特殊价值。可以说，生态美学对于中国古代生命论美学来说具有某种原生性特点，与中国古代生命论哲学与美学的"天人合一""万物一体"以及"生生之谓易"等具有内在的相恰性。因此，发挥中国古代生命美学智慧以建设当代的生态美学是非常重要的理论途径。西方包括福柯、德勒兹与德里达在内诸多学者纷纷从古代"轴心时代"寻找价值与启示，我们也完全可以从中国古代的"轴心时代"寻找建设当代包括生态美学与身体美学在内的中国当代美学。这是我们的责任所在，也是我们建设当代美学的必由之路。

当然，我们应该清醒地认识到，中国古代生命哲学与美学是前现代的产物，是农业经济的理论形态，未经工业革命的洗礼，带有不可避免的迷信落后色彩。因此，对于这种理论必须经过改造,不能原封不动地拿来运用,必须经过认真的梳理分辨,在理论内涵与话语形式上加以必要的改造,建设一种脱胎于古代,但又具有当代意义与话语的新的理论形态。我们的目的,并不是创造一种代替一切的美学理论,只是想在世界性的从"轴心时代"寻找价值源头的趋势中进行一种探索与思考。

马克思主义人学理论
与当代美育建设^①

当代美育理论建设应该坚持以马克思主义为指导，这是没有问题的。但问题在于如何坚持？经过认真地学习与研究，我们认为，从更直接的角度，应该坚持马克思主义人学理论的指导。因为，美育理论的产生就是现代哲学领域由思辨哲学到人学、美学领域由认识论到人生美学、教育领域由知识教育到通识教育转型的反映。马克思主义人学理论以及与之相关的美学，就是这一转型中最具科学性的理论形态。

（一）马克思主义人学理论
生成发展的历史背景

问题的提出还是要回到现代经济社会文化与哲学美学的转型上来。众所周知，欧洲从 17 世纪工业革命以来，就开始出现进步与危机共存的二律背反现象。在经济快速发展进步的同时，也出现了贫富悬殊、道德滑坡、人性分裂等社会危机问题。席勒于 1795 年将之称作社会的"混乱失调"、人性的"异化"，斯宾格勒于

---

①原载《天津社会科学》2007 年第 2 期。

1918年将之称为"西方的没落"，胡塞尔于1936年将之称为"欧洲生存的危机"。这种危机的形成首先源于资本主义制度的根本性弊端，那就是资本主义制度对于剩余价值的剥削本性和资本的无限扩张本性，以及资本主义市场经济对于效益最大化无限追求的本性。从另一个层面说，就是工业革命所导致的对于科技力量无限崇拜的神话，乃至工具理性的极度膨胀。这一切都从精神的和物质的层面造成贫富的严重分化和对人的极度压抑，从而形成愈来愈严重的社会危机。这种危机的形成还与同资本主义工业革命相应的本质主义的认识论哲学观念密切相关。近代以降，笛卡尔提出"我思故我在"的唯理论哲学命题，黑格尔更将"绝对理念"提到决定一切的高度。这种本质主义的认识论哲学极大地影响到美学、艺术与教育，致使美学学科以对美的本质的探索为其最高宗旨，艺术领域则以"再现"为其指归，教育领域则以"智商"的追求为其目标。

从19世纪中叶开始，随着资本主义经济社会文化危机的日渐尖锐，许多有识之士加大了突破传统哲学美学文化形态的步伐，以黑格尔的逝世为标志，逐步发生哲学与文化领域的转型。从哲学与美学领域来说，开始从本质主义的认识论哲学—美学向注重人的生存状态的存在论哲学—美学的转型。以叔本华与尼采为代表的生命意志哲学—美学，抛弃了传统的"理念论"哲学—美学，转向对于作为个体的人的生命状态的关注。此后的表现论哲学—美学、精神分析心理学哲学—美学以及现象学哲学—美学等，也都是着眼于人的深层心理发掘及其提升。但现象学哲学—美学仍然没有摆脱认识论的束缚，还没有完全将人的生存问题提到重要地位，胡塞尔甚至对于海德格尔将现象学引向存在论表示强烈不满。其实，将现象学引向存在论就是彻底摆脱传统本质主义认识论，走向当代形态的存在主义"人学"理论。萨特的存在主义哲学—美学的问世，直接提出著名的"存在先于本质"的命题，表明以现世的人的存在为其关注重点的当代存在论人学及其美学理论的正式诞生。当然，当代存在主义人学理论的进一步完善，还有待于胡塞尔后期的"主体间性"理论、伽达默尔的"解释学"理论、德里达的"延异"理论、哈贝马斯的"交往对话"理论，以及福柯的"知识考古学"的补充。海德格尔的"此在本体论"及其真理观、审美观，尤其是他提出的"人诗意地栖居于大地"的命题，更使当代存在论人学及其美学理论进一步走向成熟。这种当代哲学—美学由本质主义的认识论向存在主义的人学理论的转型，就成为当代美育理论与实践产生的理论动因与发展根基。

从教育领域来说，工业革命以来，现代形态的教育诞生，现代大学制度建立，培养了大量适应社会和工业发展的人才。但另一方面，见物不见人的单纯重智型的教育理论和实践不断发展，愈来愈显现其弊端。首先是夸美纽斯提出著名的"泛智论"教育思想，明确将其培养目标定为将人培养成"理性的动物"，提出"为生活而学习"的口号，将自然科学与语言等纯智力因素的学习提到首要位置。法国心理学家比奈与西蒙于1905年发表关于学生接受力和表达力测试的报告。这个测试报告经斯特恩进一步完善为"智商测试法"（IQ）。这是世界上第一个有关智力测试的标准和方法，它将资本主义教育的"唯智性"和"实用性"充分地反映出来，因而很快得到广泛推广。这种"智商"测试理论，将数学、语法、自然科学等智力因素提到唯一重要的高度，排除了人文教育特别是美育等非智力因素。这种教育的片面性和严重后果随着时间的推移愈来愈显现出来。正如马克思与恩格斯批判资本主义教育时所说，这种教育"对绝大多数人来说不过是把人训练成机器罢了"①。特别是两次世界大战的爆发,法西斯主义的倒行逆施给人类造成的巨大灾难,充分显示了唯科技主义和唯智力教育的危害,向人类敲响了警钟。20世纪初,特别是第二次世界大战之后,世界各国开始关注教育的改革,将包括美育在内的人文主义教育逐渐提到重要位置,使见物不见人的"纯智教育"逐步转向人的培养。当然,资本主义制度盲目追求利益最大化的本性,使其不可能将人的全面自由发展放到根本位置,但局部的改革还是可能的。第二次世界大战之后,人文教育进一步引起发达国家的重视,并形成"通识教育"。1945年,哈佛大学提出名为《自由社会中的通识教育》报告,俗称"红皮书",是美国第一部系统论述通识教育的著作,成为战后美国高等教育改革的纲领性文件。这个文件出于对"纯智教育"造成学生知识能力过分专门化的忧虑,提出本科生所学课程中应有八分之三的通识教育课程,其中自然学科、人文学科与社会学科课程各占三分之一。1947年,美国高等教育委员会发布《美国民主社会中的高等教育报告》,提出"我们的目标是把通识教育提高到与专业同样的位置"。以上两份文件都具有经典性,标志着"通识教育"逐步成为一股不可抗拒的潮流。

据美国卡内基教育基金会的统计,1970—1985年,由于对通识教育的倡导,在美国开设艺术类课程的院校由44％上升到60％,开设西方文化课程的院校由40％上升到45％。美国欧内斯特·博耶对于通识教育中的"艺术:美学素养"课程作了这样的介绍:"人类的某些经历是难以用言词表述的。为了表达这些深存内心的最强烈的感情和思想,我们就使用一种称之为艺术的更

①《马克思恩格斯选集》第1卷,人民出版社1972年版,第268页。

敏锐更精巧的语言。音乐、舞蹈和视觉艺术不仅合乎需要，而且是必不可少的。因此，综合核心课程就必须揭示这些符号系统在过去是如何表达人类意愿的，并且说明它们怎么继续存在到今天。学生需要了解艺术所具有的表达和颂扬我们的生活以及衡量社会文明程度的独特功能。"①在这里，他突出强调了审美与艺术所特具的"表达和颂扬我们的生活以及衡量社会文明程度的独特功能"，以及作为"深存内心的最强烈的感情和思想"的更敏锐的语言，应该说这种把握是比较到位的。哈佛大学校长尼尔·陆登庭1998年在北京大学所作演讲中，介绍了哈佛大学有关开展通识教育、加强人文审美教育的理论与实践。他说："我要谈的重要的事就是人文艺术学习的重要性，……最好的教育不但帮助人们在事业上获得成功，还应使学生更善于思考并具有更强的好奇心、洞察力和创造精神，成为人格和心理更加健全和完美的人。这种教育既有助于科学家鉴赏艺术，又有助于艺术家认识科学。它还帮助我们发现没有这种教育可能无法掌握的不同学科之间的联系；有助于我们无论作为个人还是社区的一名成员来说，度过更加有趣和更有价值的人生。"②在这里，陆登庭校长向我们介绍了哈佛大学的极具当代性的办学理念。当然，由于资本主义制度本身与人的全面发展的抵触，因而由"纯智教育"到人的全面发展教育的转向是非常困难的。在美国，高等教育是职业教育还是全人教育之争始终在进行，对于通识教育是否有效的看

①[美]欧内斯特·博耶：《美国大学教育》，复旦大学高等教育研究所译，复旦大学出版社1988年版，第109页。

②转引自沈致隆：《加德纳：艺术·多元智能》，北京师范大学出版社2004年版，第197页。

法也分歧颇大。据韦尔森 1986 年为国家艺术基金委员会起草
的一份报告中统计,当时只有 19％的 9 年级和 10 年级学生、
16％的 11 年级和 12 年级的学生注册了艺术课程。1982 年,全
美只有 18％的学区强调与美的艺术相关的毕业要求。正如阿
瑟·艾夫兰所说:"我们有理由说(我们可以肯定地说),艺术教
育史是一个成功地把艺术引进普通教育的诸运动的历史,但它
同样也是各种反对普通教育进行艺术教学的诸理由和原因产生
的历史。"①

　　回顾历史,我们看到,以人的个体存在为出发点扩展到对于
人类终极关怀的人学理论,是当代社会文化发展的大势所趋。
在哲学与美学领域,表现为当代存在主义人学理论的蓬勃发展;
在教育领域,表现为当代以全人培养为指归的通识教育理论与
实践的勃兴。这是人之本真冲破遮蔽走向澄明之境的强烈要
求,是人类冲破物欲束缚寻求新的自由解放的内在需要,也是新
时代新的人文精神生成发展的必然趋势。但资本主义制度和当
代西方哲学—美学内在的不可克服的痼疾,却极大地阻碍了这
一当代人学理论的蓬勃发展,因而需要一种新的更加科学的人
学理论给予必要的纠偏与补正。更重要的是,这种人学理论也
将为社会文化的发展提供理论的支撑。这就是马克思主义人学
理论生成发展的历史背景。适应历史需要,促进社会文化转型,
推动人类社会前进,这是当代马克思主义人学理论肩负的历史
重任。

---

① [美]阿瑟·艾夫兰:《西方艺术教育史》,邢莉、常宁生译,四川人民出版社
　2000 年版,第 339 页。

（二）马克思主义理论的人学内涵

　　马克思主义人学理论实际上就是马克思主义唯物实践存在论,是马克思主义哲学的基本形态。尽管长期以来对于这一理论存在诸多争论,但我们认为,在人学已经成为当代西方哲学与文化转型的标志的情况下,马克思主义作为反映社会文化发展方向的哲学理论形态,对于人学理论没有回应无疑是一种缺憾。我们发掘马克思主义理论中的人学内涵,使之充分发挥纠正当代西方人学理论偏差之作用,也是时代的需要和我们理论工作者的责任。马克思主义是关于无产阶级解放的学说,无产阶级解放的前提则是整个人类的解放。恩格斯指出,无产阶级"如果不同时使整个社会永远摆脱剥削、压迫和阶级斗争,就不再能使自己从剥削它压迫它的那个阶级(资产阶级)下解放出来"。① 整个社会的解放,也就是人类的解放,这也是马克思主义的奋斗目标。因此,我们从无产阶级乃至整个人类解放的意义上阐释马克思主义人学理论,应该是科学的,是符合马克思与恩格斯的本意的。其实,早在 1843 年底至 1844 年 1 月,马克思就在著名的《〈黑格尔法哲学批判〉导言》中明确地提出了自己的人学理论。他说:"德国唯一实际可能的解放是从宣布人本身是人的最高本质这个理论出发的解放。""对宗教的批判最后归结为人是人的最高本质这样一个学说,从而也归结为这样一条绝对命令:必须推翻那些使人成为受屈辱、被奴役、被遗弃和被蔑视的东西的一切关系。"② 有的

---

①《马克思恩格斯选集》第 1 卷,人民出版社 1972 年版,第 232 页。
②《马克思恩格斯选集》第 1 卷,人民出版社 1972 年版,第 9、15 页。

学者认为，这个思想不仅不是马克思当时思想的核心，而且带有费尔巴哈人本主义的痕迹。我们认为，这种看法不尽妥当。因为，这里其实包含两层紧密相关的意思：第一层就是关于人是人的最高本质的学说；第二层是一条"绝对命令"，亦即人学理论的前提是推翻使人受奴役的一切社会关系。这正是1885年恩格斯在解释《导言》时所说的："决不是国家制约和决定市民社会，而是市民社会制约和决定国家。"①也就是社会存在决定社会意识的历史唯物主义重要原理。事实证明，如果从马克思的历史唯物主义出发，将马克思主义的人学理论的核心归结为无产阶级和整个人类的解放，那么，这一理论其实是一直贯穿于马克思主义理论发展的始终的。从马克思在《1844年经济学哲学手稿》中对"异化"的扬弃，到我国今天对"以人为本"的倡导，应该说是一脉相承的。

马克思主义实践存在论人学理论的产生决不是偶然的，而是有其历史的必然性。从社会历史层面来说，这一理论恰恰是批判资本主义制度、实现人类解放的社会主义革命运动的必然要求。马克思主义创始人代表着无产阶级和广大被压迫阶级的利益，他们深刻地分析了资本主义制度剥削的本性，以及生产社会化与私人占有制的内在矛盾，从深刻批判资本主义制度出发，进而提出人类解放这一马克思主义人学理论。马克思在《〈黑格尔法哲学批判〉导言》中指出："哲学把无产阶级当作自己的物质武器，同样地，无产阶级也把哲学当作自己的精神武器；思想的闪电一旦真正射入这块没有触动过的人民园地，德国人就会解放成为人。"②

---

①《马克思恩格斯选集》第4卷，人民出版社1972年版，第192页。
②《马克思恩格斯选集》第1卷，人民出版社1972年版，第15页。

由此可见，马克思主义人学理论就是无产阶级解放的精神武器。正是在无产阶级和劳动人民谋求解放的伟大历史运动中，马克思主义人学理论才得以产生和发展。我们可以从《1844年经济学哲学手稿》到《共产党宣言》《资本论》，再到马克思恩格斯后期的著作，清晰地描绘出马克思主义人学理论发展的一条红线。这就是马克思主义人学理论产生的社会政治根源。从哲学层面上看，马克思主义人学理论恰恰是批判各种二分对立的旧哲学的产物。众所周知，近代以来，与工业革命相对应，无论是唯物主义还是唯心主义，都从主客二分的角度将对抽象的本质的追求作为哲学的终极目标。这种见物不见人的哲学理论，实际上远离人类现实生活，是脱离时代需要的。马克思主义创始人充分地看到了这种哲学理论的弊端，以历史唯物主义的人学理论对其加以超越。马克思首先超越了费尔巴哈的旧唯物主义，这种旧唯物主义将人的本质归结为抽象的生物性的"爱"，这是一种"从客体的或者直观的形式去理解"的思维模式。同时，马克思也超越了以黑格尔为代表的唯心主义从抽象的精神观念出发的另一种主客二分的思维模式。马克思以人的唯物实践存在将主客统一了起来，从而超越了一切旧的哲学，成为人类历史上崭新的哲学理论形态——唯物实践存在论人学观。

马克思主义的唯物实践存在论人学观与西方当代人学理论有许多共同之处。它与其他人学理论一样都是对西方近代认识本体论主客二分思维模式的突破。它以其独有的唯物实践存在范畴突破了西方近代哲学的主客二分，并将作为实体的两者加以统一。在这里，实践作为主观见之于客观的活动，是一个过程，它不可能成为本体。但唯物实践存在，即实践中的具体的人却可以成为本体。因此，这是一种唯物实践存在本体论，也是一种"存在先于本质"的理论。正因为如此,马克思主义唯物实践存在论人学理论也同当代其他人学理论一样,是以现实的在世的个别之人为其出发点的。海德格尔以在世之"此在"为其出发点,马克思主义唯物实践存在论人学理论则以个别的、活生生的现实之人为其出发点。诚如马克思所说,唯物主义历史观的"前提是人,但不是某种处在幻想的与世隔绝、离群索居状态的人,而是处在一定条件下进行的、现实的、可以通过经验观察到的发展过程中的人"[①]。"任何人类历史的第一个前提无疑是有生命的个人的存在。"[②]由此可见,实践中的现实的有生命的个人存在就是马克思唯物实践存在论的出发点。这是一个在一定的时间与空间中实践着的活生生的个人。正如马克思所说:"时间实际上是人的积极存在,它不仅是人的生命的尺度,而且是人的发展的空间。"[③]马克思主义唯物实践存在论人学理论也同当代西方其他人学理论一样,是以追求人的自由解放为其指归的。众所周知,马克思主义理论本身就以无产阶级与整个人类的自由解放为其最终目标,它把"只有解放全人类才能解放无产阶级"写在自己的战斗旗帜之上。马克思在论述共产主义时曾明确指出,共产主义是"以每个人的全面而自由的发展为基本原则的社会形式"[④]。

　　但马克思主义人学理论又具有当代西方人学理论所不具备的鲜明的实践性和阶级性。对于这一点,西方当代理论家也都承认。萨特指出:"马克思主义非但没有衰竭,而且还十分年轻,几

[①]《马克思恩格斯全集》第3卷,人民出版社1960年版,第30页。
[②]《马克思恩格斯选集》第1卷,人民出版社1972年版,第24页。
[③]《马克思恩格斯全集》第47卷,人民出版社1979年版,第532页。
[④]《马克思恩格斯全集》第23卷,人民出版社1960年版,第649页。

乎是处于童年时代:它才刚刚开始发展。因此,它仍然是我们时代的哲学:它是不可超越的,因为产生它的情势还没有被超越。"①马克思所说的人,首先是处于社会生产劳动实践之中的人,社会生产劳动实践是人的最基本的生存方式。诚如马克思所说:"我们首先应当确定一切人类生存的第一个前提也就是历史的第一个前提,这个前提就是:人们为了能够'创造历史',必须能够生活。但是为了生活,首先就需要衣、食、住以及其他东西。因此第一个历史活动就是生产满足这些需要的资料,即生产物质生活本身。"②这就将以社会生产劳动为特点的实践放到了人的生存的首要的基础的地位,从而将马克思主义人学理论奠定在唯物主义实践观的基础之上。这就迥异于当代西方以胡塞尔现象学为理论基础的人学理论。马克思的"实践世界"理论也迥异于当代西方人学提出的"生活世界"理论。马克思主义的人学理论还具有极其鲜明的阶级性。它是一种以彻底改变无产阶级和一切被压迫阶级的生存状况为其宗旨的理论形态,是无产阶级和一切被压迫阶级获得解放的理论武器。这种人学理论迥异于呼唤抽象的爱的资产阶级人道主义,它公开宣布反对资产阶级的压迫与统治,是无产阶级和一切被压迫阶级获得解放的必要条件。这就是马克思主义人学理论鲜明的阶级性和政治价值取向所在。马克思主义人学理论的另一个重要特点是将个人存在与社会存在有机地结合起来。它一方面强调人是现实的有生命的个人存在,同时也强调人是一种社会的存在,是个体性与社会性的有机统

①[法]萨特:《辩证理性批判》上,林骧华、陈伟丰译,安徽文艺出版社1998年版,第28页。

②《马克思恩格斯选集》第1卷,人民出版社1972年版,第32页。

一。马克思指出:"人的本质并不是单个人所固有的抽象物。在其现实性上,它是一切社会关系的总和。"①马克思既强调了人的存在的现实性与个体性,同时,更加强调人的存在的社会性与阶级性,强调个人的自由解放要依赖于社会的进步和整个阶级与人类的解放。这就超越了西方存在主义"他人是地狱"的理论观念。

当然,时代在发展,马克思主义人学理论本身实践的、革命的品格决定了它必然与时俱进,吸收当代人学理论的有益成分。马克思恩格斯逝世之后,人类社会经历了 20 世纪的风云变化,经济社会发生了极大变化。尽管历史的发展进一步证明了马克思主义人学理论的科学性与前瞻性,但西方当代哲学及其人学理论的发展,尤其是西方马克思主义人学理论中有诸多内容与马克思原典的相融性等,都决定了马克思主义人学理论必须吸收西方当代各种哲学与人学理论的有益成分,从而使自己更具时代性与活力。马克思主义人学理论应该吸收西方当代哲学与人学中有关人的非理性因素的论述。众所周知,西方当代哲学主要在非理性层面探索人性,甚至将其抬高到主导性地位。这自然是偏颇的。但人的"此在"的在世性的确又包含许多非理性成分,马克思主义创始人在充分强调人的理性时,对人的非理性成分是有所忽视的,应该说这是一种历史的缺失。今天,我们应将西方当代哲学中有关人的非理性的论述吸收到马克思主义人学理论之中。西方当代哲学与人学理论为了克服主观唯心主义,曾经提出"主体间性"理论加以补充,并由此派生出"交往对话""共生共戏"等理论观点。虽然马克思主义人学理论在《1844 年经济学哲学手稿》中注意到了交往对话理论,但在理论的广度和深度上还有必要吸

①《马克思恩格斯选集》第 1 卷,人民出版社 1972 年版,第 18 页。

收西方当代哲学与人学理论中的有关内容。在 19 世纪,由于资本主义现代化的发展还不够充分,人对自然的破坏的严重性还没有充分显露出来,因此,在马克思主义哲学与人学理论中,尽管比同时代的人已经具有更多的人与自然和谐的内容,但总体上对于生态问题的重视和论述还是不够的。例如,他们的哲学与人学观中还没有更自觉的生态维度,在他们的经济理论中还没有更自觉的包含自然的生态价值。但自 20 世纪 60 年代以来,由于生态问题的日渐严重,出现了大量的有关生态哲学、伦理学与生态批评的理论。因此,当代马克思主义人学理论建设应该自觉地吸收这些生态理论,努力将人文观与生态观统一起来,构建人的生态本性理论与新的生态人文主义。我们相信,马克思主义人学理论在新的形势下,通过与时俱进的建构性发展,一定会更加全面,更加科学。

(三) 马克思主义人学理论对当代 美育建设的指导作用

马克思主义唯物实践人学理论的建设和发展,对于当代美学与美育建设具有极为重要的作用。以其作为当代美学与美育建设的理论基础表明,将推进由本质主义的实体性美学到当代人生美学的转型。本质主义的实体性美学就是主客二分的认识论美学,以把握美的客观的或主观的本质为其指归。这种美学实际上是一种严重脱离生活的经院美学,在很大程度上是对人的本真存在的一种遮蔽。建立在马克思主义人学理论基础之上的人生美学是充满现实生活气息的人的美学的复归,是一种对于实体遮蔽之解蔽,由此可实现人的本真存在的自行显现,进而走向澄明之境。这是一种以人的现实"在世性"为基点的美学形态,力图彻底摆脱主客二分,实现作为现实的人与自然社会、理性与非理性的多侧面、全方位的有机统一。正是在马克思主义人学理论的基础上,我们构建马克思主义的人学美学理论,实际上就是实践存在论美学理论。它包含十分丰富的内容,从马克思主义的原典出发,我们将其概括为以下三个方面:从宏观的角度讲,就是对于非美的资本主义社会制度与现实生活的批判与否定,也就是对"异化"的扬弃;从微观的角度讲,是"人也按照美的规律来建造",即以美的"尺度"来改造客观世界与主观世界,同时也促使"人的感性的丰富性,如有音乐感的耳朵、能感受形式美的眼睛"①;最后的目标则是美好的新生活与新人的创造,即在未来的共产主义社会将"用整个社会的力量来共同经营生产和由此而引起的生产的新发展,也需要一种全新的人,并将创造出这种新人来"②。

　　马克思主义人学理论对于当代美育建设也有着巨大的指导作用,使美育与当代美学建设相融,走上批判当代社会弊端,推进人类获得诗意的栖居的广阔道路。马克思人学理论的指导,首先决定了美育的产生与发展的后现代的特殊语境。一说到"后现代",有的学者就有反感,认为中国现在还处于现代化过程之中,讲"后现代"是一种"奢侈"。其实,对于"后现代"有多种理解,我们所理解的后现代是对于现代性进行反思和超越的后现代。这种后现代其实是伴随着现代性而产生的,早在17世纪资本主义现代性刚刚开始之际,就有了对其进行反思和超越的后现代。所谓"文明的危机""西方的没落"就是当时的理论家对资本主义现

---

① 《马克思恩格斯全集》第42卷,人民出版社1979年版,第126页。
② 《马克思恩格斯选集》第1卷,人民出版社1972年版,第223页。

代性的批判,海德格尔更将其称作"茫茫的黑夜"。马克思主义创始人更是高举起批判资本主义现代性的大旗,写下了一系列有力批判资本主义的传世檄文。目前,我国学者提出的"生态文明"就是对于工业文明的一种超越,也就是"后工业文明",就是"后现代"。由于系统的人学理论是后现代的产物,因而产生于人学理论基础之上的当代美育就具有明显的后现代性,是对于资本主义现代社会批判的产物。众所周知,席勒著名的《美育书简》,在人类历史上首次提出"美育"概念。"美育"概念显然是一个具有明显后现代色彩的美学范畴。因为,美育的提出是对资本主义现代性分裂人性的有力批判,旨在通过审美将处于分裂状态的感性的人和理性的人加以统一。从理论形态来说,席勒的美育理论是以具有初始的存在论色彩的人学理论为基础和指导的。这是一种明显的现代人本主义人学思潮,它也成为西方现代人学理论的源头之一。这样,弄清楚美育理论产生的后现代语境,有利于我们厘清美育所肩负的责任。的确,美育理论于20世纪初期在我国介绍传播之时,我们正处于封建与半封建社会,反封建成为首要任务之一。在那种情况下,美育倒真的在我国承担了某种现代性的启蒙作用。

在当代,我国现代化和市场经济快速发展之时,我国审美教育的后现代性质愈来愈加清晰。我们以马克思主义人学理论为指导,建设当代形态的美育理论,就是要通过美育超越现代性的种种弊端,培养学会审美的生存的一代新人。这说明,美育的后现代性决定了它的明显的超越性与前瞻性。我国当代美育以马克思主义人学理论为指导,还决定了美育理论的外延必将有所扩张,使之与当代美学理论建设相结合。因为,当代美学同样面临着由认识论美学到存在论美学,由本质主义美学到人生美学转向的课题,并将塑造学会审美的生存的人作为其指归。因此,在这个意义上,当代美学就是广义的美育。从美育的内涵来说,以马克思主义人学理论为指导,必然将"自由"作为美育最基本的内涵。诚如席勒所说:"把美的问题放在自由的问题之前。"①也就是说,在席勒看来,只有通过美育人才能获得自由。"自由"是一个非常重要的哲学与美学范畴,但它也同样经历了由认识论的自由观到存在论的自由观的重要转型。在认识论的范围内,所谓自由就是对于必然的掌握。这种自由只能在科学活动与生产活动中才能产生。而在思想领域的自由,则是艺术中想象的自由与凭借某种先天原则的"先验的自由",常常带有神学的意味。在当代存在论哲学与美学中,自由已经不完全是人的认识,它是超越了认识,成为人的生存状态。

　　席勒将其看作一种"游戏"或"心境"。所谓"游戏",从现代存在论哲学与美学的观点来看,是人的无功利追求的一种"同戏共庆"的本性所在,是人的审美经验的存在方式,表现的恰是审美的生存状态。对于审美是一种"心境",席勒作了较为充分的论述:"他们说美使我们处于一种心境中,这种美和心境在认识和志向方面是完全无足轻重并且毫无益处。他们是完全有道理的,因为美不论在知性方面还是在意志方面完全不会给人以任何结果。它既不能实现智力目的,也不能实现道德目的。"②在这里,席勒已经初步将美育领域的自由,与认识领域的自由划清了界限。他认为,总体来说,美是不直接与认识以及道德的功能相关的,美的

---

① [德]席勒:《美育书简》,徐恒醇译,中国文联出版公司1984年版,第38页。
② [德]席勒:《美育书简》,徐恒醇译,中国文联出版公司1984年版,第110页。

自由是一种"心境"。海德格尔则将自由与真理紧密相连,他说:"真理的本质是自由。"①众所周知,在海氏的哲学与美学中,真理与美是同格的。他认为,美是"真理的自行显现"。因而,自由就成为美的基本品格。那么,作为自由的美是什么呢?海氏认为就是"存在"在"天地神人四方游戏"世界结构中的自行显现,最后走向人的"诗意地栖居"。马克思主义认为,所谓自由是对于必然的认识和世界的改造。恩格斯指出:"自由是在于根据对自然界的必然性的认识来支配我们自己和外部自然界。"②

当然,马克思主义实践存在论人学观最基本的立足点,是将自由与实践紧密结合起来。人的真正的自由的获得只有通过劳动生产实践与革命的实践,只有在这样的社会实践中,人和人类才能获得自由解放,获得审美的生存。这恰是当代美学与美育作为马克思主义人学理论组成部分的最重要目标。

---

①转引自赵敦华:《现代西方哲学新编》,北京大学出版社 2000 年版,第 180 页。
②《马克思恩格斯选集》第 3 卷,人民出版社 1972 年版,第 154 页。

第 二 编

生 态 美 学

生态美学究竟有哪些新突破？①

　　生态美学的产生是时代的需要，它实现了美学学科全方位的突破，具有重要的理论意义。大体说来，这种突破表现在六个方面。

　　美学之哲学基础的突破。生态美学使得美学的哲学基础由传统的认识论过渡到实践哲学，并由人类中心主义过渡到生态整体主义。在某种意义上，人与自然之间构成最基本的哲学"对待"。然而，长期以来，我国美学界对人与自然关系的理解，尚处于传统认识论范式的支配下。例如，我国"实践美学"的倡导者力主"美学科学的哲学基本问题是认识论问题"，美则是"人的本质力量的对象化"，等等。其实，马克思力主从人的感性的实践角度去理解事物，并从内在尺度与种的尺度统一的角度来阐释美的规律。马克思在《关于费尔巴哈的提纲》中就提出，对"对象、现实、感性"应该从"感性的人的活动"的角度加以理解，《德意志意识形态》更是把历史唯物主义的逻辑建构奠定在"现实的个人"的基础之上。将实践活动确立为哲学的立足点，改变了人与自然关系的基本格局。人与自然之间不再是二元对立的关系，而是人类活动基础上的统一。建立在实践哲学基础上的生态美学，突破了传统

①原载《中国社会科学院报》2009 年 9 月 1 日。

的认识论与人类中心主义的哲学观,是当代审美意识领域的一场革命。

美学对象上的突破。国内关于美学对象问题的讨论,长期以来受黑格尔"美学是艺术哲学"观点的影响,都将艺术放到唯一的,至少是极为重要的位置上,从而忽视了自然。例如,"实践美学"的倡导者就认为:"美学基本上应该研究客观现实的美、人类的审美感和艺术美的一般规律。其中,艺术美更应该是研究的主要对象和目的。"然而,人与自然的审美关系乃是最基本、最原初的审美关系,其重要性决不亚于艺术审美。特别是在当代环境问题日益严峻的情况下,人类对于纯净的大自然更是保有一种美的向往。1966年,美国学者赫伯恩发表《当代美学及自然美的遗忘》一文,抨击了美学界对于自然审美维度的忽视,开当代西方环境美学之先河。在美学对象问题上,生态美学超越了艺术中心主义,不仅具有自然审美的意蕴,同时还影响到艺术审美与生活审美,使之必须包含自然审美的维度。

自然审美上的突破。以往美学从人类中心主义的视角来看待自然,以"人化自然"来确定自然审美的内涵。在生态美学看来,就其本质而言,审美活动是人类活动的一种样态及过程,而自然审美过程实际上是自然的审美属性与人的审美能力交互作用的结果,并不存在某种实体性的"自然美"。

审美属性的突破。由于受到康德美学思想的影响,以往美学认为审美是一种超功利、无利害的静观。例如,实践美学就认为,"审美就是这种超生物的需要和享受",真善美的统一"表现为主体心理的自由感受(视、听与想象)"。生态美学借鉴了西方环境美学的"参与美学"观念,主张包括眼耳鼻舌身在内的全部感官在审美过程中的介入。

美学范式的突破。以往美学的范式，偏重于形式美之优美、对称与和谐等诸规定性。生态美学是一种人生美学、存在论美学，突破了形式美的种种限定，以人的"诗意地栖居"为哲学旨归，以审美生存、四方游戏、家园意识、场所意识、绿色阅读、环境想象与生态美育等为新的美学范式。

中国传统美学地位的突破。以黑格尔和鲍桑葵为代表，西方出于欧洲中心主义的立场，对于包括中国在内的东方美学与艺术是持否定态度的。例如，鲍桑葵就认为，中国和日本等东方艺术与美学，"审美意识还没有达到上升为思辨理论的地步"。生态美学在中国传统美学之中发掘出丰富的生态审美智慧。儒家的"天人合一"、道家的"道法自然"、佛家的"众生平等"等古代智慧，都对当代西方生态美学与环境美学产生过重要启示。在某种意义上，它们可以成为我们通过中西会通建设当代生态美学的丰富资源。比如，"天人合一"可与存在论美学相会通，"中和之美"可与"诗意地栖居"相会通，"域中有四大，人为其一"可与"四方游戏"相会通，而中国古代的怀乡之诗、安吉之象可与"家园意识"相会通，择地而居可与"场所意识"相会通，比兴、比德、造化、气韵等古代诗学智慧可与生态诗学相会通，从而构建起一种蕴含中国古代生态智慧、符合时代特征的当代中国生态美学体系。

生态美学：后现代语境下崭新的生态存在论美学观

（参见第四卷《生态存在论美学论稿》第 85 页）

马克思、恩格斯与生态审美观

（参见第四卷《生态存在论美学论稿》第 353 页）

当代生态文明视野中的
生态美学观

（参见第四卷《生态存在论美学论稿》第 111 页）

当代生态美学观的基本范畴

（参见第四卷《生态存在论美学论稿》第 128 页）

论生态美学与环境美学的关系

（参见第四卷《生态存在论美学论稿》第 175 页）

发现人的生态审美本性与新的
生态审美观建设

（参见第四卷《生态存在论美学论稿》第 444 页）

人类中心主义的退场与
生态美学的兴起①

20 世纪 90 年代中期以来,生态美学在中国悄然兴起,在新世纪得到一定程度的发展。但在其发展过程中,却遇到强劲的阻力,主要是人类中心主义思潮的强劲对抗。论者认为,生态美学是对人类中心主义的颠覆,而人类中心主义作为对人的利益的维护是具有永恒价值的理论,反对人类中心主义就是反人类,如此等等。因此,厘清人类中心主义及其与生态美学的关系,是生态美学发展的当务之急。

(一)

什么是人类中心主义呢?《韦伯斯特第三次新编国际词典》指出,人类中心主义指:"第一,人是宇宙的中心;第二,人是一切事物的尺度;第三,根据人类价值和经验解释或认知世界。"②这种人类中心主义包含着传统的人文主义内涵,萌生于文艺复兴之时市民阶层以人权对教会神权的对抗,但其真正的发展是工业革

①原载《文学评论》2012 年第 2 期。
②Webster's Third New Intemationdl Dictionary,4nd,Meman Co.

命迅猛发展的启蒙运动时期。当时,由于蒸汽机的发明,科技的进步,大工业的出现,生产力的迅猛发展,人类充满了从未有过的自信,认为完全能够改造、控制并战胜自然。启蒙主义的最重要代表人物之一,著名的百科全书主持人狄德罗指出:"有一件事是必须得考虑的,就是当具有思想和思考能力的人从地球上消失时,这个崇高而动人心弦的自然将呈现一派凄凉和沉寂的景象。宇宙变得无言,寂静与黑夜将会显现,一切都变得孤独。在这里,那些观察不到的现象以一种模糊和充耳不闻的方式遭到忽视。人类的存在使一切富有生气。在人类的历史上,如果我们不去考虑这件事,还有什么更好的事情考虑吗? 就像人类存在于自然中一样,为什么我们不能让人类进入我们的作品中? 为什么不把人类作为中心呢? 人类是一切的出发点和归宿。"①德国古典哲学的开山祖康德明确地指出"人为自然立法"。他说:"故悟性乃仅由比较现象以构成规律之能力以上之事物;其自身实为自然之立法者。"②

　　人类中心主义在审美领域同样得到表现。作为西方古典美学高峰的德国古典美学,以理性主义作为哲学根基,使人类中心主义得到集中的表现。康德明确地将美归结为"形式"的"合目的性"与"道德的象征"。自然在审美中几乎消失殆尽,只剩下人的"目的性"与"道德"。黑格尔更是完全否定了自然美,将之放到"前美学阶段",并将其内涵界定为对理念的"朦胧预感"。中国当代的"实践美学"继承德国古典美学,是我国当代美学领域人类中

①转引自沃尔夫冈·韦尔施:《如何超越人类中心主义》,《民族艺术研究》
　2004年第5期,第5页注①。
②[德]康德:《纯粹理性批判》,蓝公武译,商务印书馆1995年版,第136页。

心主义的突出代表。这种美学观以"自然的人化"与"工具本体"作为核心美学观念，力主人在审美中对于自然的"控制"，从而成为过分张扬人类改造自然的力量、一味贬低自然地位的典型的人类中心主义的美学理论形态。更令我们震撼的，是美籍华裔人文主义地理学家段义孚所深刻揭露和批判的"审美剥夺"（Aesthet-icexploitation）现象。这是人类在人类中心主义指导下，凭借其丰富的想象力，在审美领域对自然进行粗暴压制与扭曲的行径。他将这种行径斥之为"审美剥夺"。他说："这是出于娱乐和艺术的目的对自然本性的扭曲。"又说："我们为了寻求快乐正在对自然施加着强权——我们从建造园林、饲养宠物中都能体会到这种快乐。"他还认为，将权势与"玩"相结合是件相当可怕的事，这种"结合"对环境的破坏力甚于经济对环境的破坏。因为，"经济剥削有个限度，……相反，玩是无止境的，自由随意的，仅凭操纵者的幻想和意愿"。① 他对这种"审美剥夺"进行了具体的揭示，在植物方面就是花样翻新的所谓的"园艺"。人们"居然会使用刑具作为自己的工具——枝剪和削皮刀、铁丝和断丝钳、铲子和镊子，棕绳和配重——去阻止植物的正常生长，扭曲他们的自然形态！"②例如，把独立的植株和整个一小簇树丛修剪成繁复的形状，为了娱乐而糟蹋植物的"微缩景园"与盆景等等；对待动物，段义孚认为是"问题出现最多，人的罪过体现最深的方面"。如，通过驯化使动物成为负重的劳力，变成玩偶，经过选择性繁殖，使动物变得

---

① 转引自宋秀葵：《地方、空间与生存——段义孚生态文化思想研究》，中国社会科学出版社 2012 年版，第 94—95 页。

② 转引自宋秀葵：《地方、空间与生存——段义孚生态文化思想研究》，中国社会科学出版社 2012 年版，第 121 页。

奇形怪状，机能失调，使鱼长出圆形外突的大眼睛，将京巴狗改造得只剩下一小撮狗毛，重量不足5斤等。至于在建筑领域，人类的"审美剥夺"更是举不胜举。诸如，填海造地，挖山建城，断河造湖等。当然，人对自然的这些"审美剥夺"并不始于工业革命，在古代即已存在，但从工业革命以来，在"人类中心主义"兴盛泛滥的背景下，"审美剥夺"的情况愈演愈烈，至今未止。特别是随着大规模的工业化与城市化，在推土机的隆隆声响中，昔日美丽的自然早已不复存在。表面上，我们剥夺的是自然，实际上我们剥夺的是人类赖以生长的血脉家园，是人类自己的生命之根。

由上述可知，在"人类中心主义"观念基础上产生的"审美剥夺"，是与审美的"亲和性"本性相违背的，是一种审美的"异化"。其结果，必然是审美走向自己的反面——非美，从而导致审美与美学的解体。因此，告别"审美剥夺"及其哲学根基"人类中心主义"，就是美学学科自身发展的紧迫要求。当然，对于"审美剥夺"的理解也不应过于绝对，应该在人与自然共生的背景下理解。我们并不认为人类对于自然一点也不能改变，但压制与扭曲自然的现象是不能允许的。

（二）

马克思主义唯物辩证法告诉我们，新陈代谢是万事万物发展的普遍规律。世界上没有永恒的东西，一切都在发展当中，都是过程，包括一切理论形态，也都在发展的历史进程之中。即便是作为西方古典哲学高峰的德国古典哲学，也随着资本主义现代化过程中诸多弊端的暴露而逐步退出历史。1886年，恩格斯写了著名的《路德维希·费尔巴哈和德国古典哲学的终结》,指出德国古典哲学"对德国现在一代人却如此陌生,似乎已经相隔整整一个世纪了"[1]。恩格斯在该文中宣告这个曾经无比辉煌的理论形态及其所包含的"人类中心主义"也已退出历史舞台。这当然首先是由历史时代所决定的,对于包括像"人类中心主义"那样的理论形态,我们都不能孤立抽象地加以审视,必须将其放到一定的历史发展之中。"人类中心主义"作为一种理论形态并非自古就有的,而是在历史中生成并在历史中发展,最后完成自己的历史使命而必然地退出历史舞台。众所周知,在西方古代农耕社会之时,占统治地位的仍然是万物有灵的"自然神论"。柏拉图关于诗歌创作的"迷狂说"就是古希腊诗神的"凭附",诗神奥尔菲斯是一名能与自然相通的占卜官,能观察飞鸟,精通天文等。当时美学与文学理论中十分流行的"模仿说",也是一种将自然放在先于艺术位置的理论。诚如亚里士多德在《诗学》中所说:"一般说来,诗的起源仿佛有两个原因,都是出于人的天性。人从孩提起就有摹仿的本能(人和禽兽的分别之一,就在于人最善于摹仿,他们最初的知识就是从摹仿得来的),人对于摹仿的成品总感到喜悦。"[2]这里所谓"摹仿"就是对自然的摹仿,自然有高于艺术的一面。只是在工业革命以后,科技与生产能力的迅速发展,人类掌握了较强的改造世界的能力,"人类中心主义"才随之兴起。但19世纪后期以来,特别是20世纪开始,资本主义现代化与工业化过程中滥伐自然、破坏环境的弊端日益暴露,地球与自然已难以承载人类无所抑制的开发,不得不由工业文明过渡到后工业文明即生态

---

[1]《马克思恩格斯选集》第4卷,人民出版社1972年版,第210页。
[2]亚里士多德:《诗学》,罗念生译,人民文学出版社1986年版,第2页。

文明。1972 年 6 月 5 日,全世界 183 个国家和地区的政府代表聚会瑞典斯德哥尔摩,召开了国际人类环境会议。这是世界各国政府代表第一次坐在一起讨论人类共同面临的日益严重的环境问题,讨论人类对于环境的权利和义务。会议宣告:"保护和改善人类环境关系各国人民的福利和经济发展","要求每个公民、团体、机关、企业都负起责任,共同创造未来的世界环境。"全世界各国将环境问题作为全人类共同面临的严重问题,并将保护环境作为全世界每个公民的共同责任。这意味着以开发自然为唯一目标的工业革命时代的结束,而一个新的开发与环保统一的"生态文明"时代已经来临;同时也意味着"人类中心主义"这一理论形态已经完成自己的历史使命而退出历史舞台。人类中心主义曾经以其所高举的"人道主义"旗帜和对于人的主体性的张扬,在历史上起过积极进步的作用。但随着历史的发展和其弊端的暴露,已无可避免地衰落,并成为被批判的对象。恩格斯在其《自然辩证法》中曾对"人类中心主义"过渡贬抑自然并将人与自然对立的倾向提出了自己的批评。他说:"人们愈会重新地不仅感觉到,而且也认识到自身和自然界的一致,而那种把精神和物质、人类和自然、灵魂和肉体对立起来的荒谬的、反自然的观念,也就愈不可能存在了。"又说:"我们连同我们的肉、血和头脑都是属于自然界,存在于自然界的。"①法国哲学家福柯明确地宣布"人的终结",即"人类中心主义"的终结。他说:"在我们今天,并且尼采仍然从远处表明了转折点,已被断言的,并不是上帝的不在场或死亡,而是人的终结(这个细微的、这个难以观察的间距,这个在同一性形式中的退隐,都使得人的限定性变成了人

---

① 《马克思恩格斯选集》第 3 卷,人民出版社 1972 年版,第 518 页。

的终结）。"①另一位法国哲学家德勒兹以其别具一格的非人类中心的"块茎理论"取代人类中心的"根状系统"，他说："块茎本身呈现多种形式，从表面上向各个方向的分支延伸，到结核成球茎和块茎"，"块茎的任何一点都能够而且必须与任何其他一点连接。这与树或根不同，树或根策划一个点，固定一个秩序"。② 至于美学领域，从 1966 年美国美学家赫伯恩发表《当代美学及自然美的遗忘》开始，环境美学逐步在西方勃兴，宣告由"人类中心主义"派生而出的"艺术中心主义"也受到挑战，并必将逐步退场。我国也从 20 世纪 90 年代中期开始，生态美学与生态批评日渐兴起。

当然，对"人类中心主义"的批判决不是一种简单的抛弃，而是一种既抛弃又保留的"扬弃"，恩格斯将这种"扬弃"解释为"要批判地消灭它的形式，但要救出通过这个形式获得的新内容"③。这就告诉我们，我们批判"人类中心主义"并不是将其彻底抛弃而走到另一极端的"生态中心主义"。事实证明，"生态中心主义"将自然生态的利益放在首位，力图阻止人类的经济社会发展，否定现代化与科学技术的贡献。这不仅是一种倒退的反历史的倾向，而且因其与人类的根本利益相违背，所以，在现实中也是一条走不通的路。我们与之相反，一方面批判了"人类中心主义"对人类利益的过分强调，同时又保留其合理的"人文主义"内核；另一方面批判了"生态中心主义"对自然利益的过分强调，同时又保留其合理的"自然主

---

①［法］米歇尔·福柯：《词与物》，莫伟民译，上海三联书店 2002 年版，第503 页。

②［法］吉尔·德勒兹、费利克斯·瓜塔里：《游牧思想》，陈永国译，吉林人民出版社 2011 年版，第 127 页。

③《马克思恩格斯选集》第 4 卷，人民出版社 1972 年版，第 219 页。

义"内核。由此,延伸出一种新的生态文明时代的人文主义和自然主义相结合的精神——生态人文主义(其中包含生态整体主义的重要内涵)。这是一种既包含人的维度又包含自然维度的新的时代精神,是人与自然的共生共荣,发展与环保的双赢。

这种新的"生态人文主义"就是我们的新的生态美学的哲学根基,它的首先倡导者实际上是海德格尔。众所周知,认识论哲学采取"主客二分"的思维模式,人与自然是对立的,也是人类中心主义的,人文主义与自然主义永远不可能统一。只有在存在论哲学之中,以"此在与世界"的在世模式取代"主体与客体"的传统在世模式,人与自然,人文主义与自然主义才得以统一,从而形成新的生态人文主义。海氏的存在论哲学与美学以现象学为武器有力地批判了将人与自然生态即此在与世界对立起来的人类中心主义,深刻地论述了现世之人的本质属性就是"在世"与"生存",也就是人对作为"世界"的自然生态的"依寓"与"逗留"。这就是生态存在论的哲学与美学,就是一种生态人文主义。

生态人文主义的提出也是与"生物圈"的存在密切相关的。因为生物圈的存在告诉我们,人类与地球上的其他物种甚至无机物密切相关,须臾难离。这其实也是人性的一种表现,正是生态人文主义的重要依据之一。有论者认为,人类中心主义作为世界观是荒谬的,但作为价值观则应该坚持,对各种事物和行为的评价还应以人的需要为中心来进行。这种观点仍然是对传统人类中心主义的维护。因为价值观与世界观是一致的,根本不可能在荒谬的世界观基础上产生出正确的价值观。生态人文主义是对人类中心主义世界观与价值观的根本调整与扭转。尽管在价值评价上只有人类是价值主体,但评价的视角与立场却发生了根本的变化,由完全从人的利益和需要出发到兼顾人与自然的利益与需要，由只强调人的生存到强调人与自然的共生，由经济发展一个维度到发展与环保两个维度。这样的根本转变是过去的人类中心主义所不可想象的。

（三）

以生态人文主义为哲学根基所建立的生态美学是迥异于传统的在人类中心主义理论基础上建立起来的美学形态的。

我们先从美学的基础方面来谈两者的区别。从哲学观上来看，生态人文主义实际上是一种存在论的哲学观，而人类中心主义则是传统的认识论的哲学观。存在论哲学观是对传统认识论哲学观的一种超越。在认识论哲学观之中，人与世界的关系是一种"主体与客体"的关系，这是一种纯粹的认识关系，所面对的是现实生活中并不存在的静止不动的"存在者"；存在论哲学观则是一种"此在与世界"的关系，是一种属人的生存论关系，所面对的是活生生的、在时间中生成发展的"此在"（人），这一此在的发展过程即为"存在"。从思维方式来看，人类中心主义的美学观是一种主客二分对立的美学观，在这种美学观之中，人与自然，主体与客体，感性与理性，身体与心灵等完全是二分对立的。这是一种脱离生活的僵化的美学。生态人文主义的美学观凭借生态现象学方法将所有的二分对立加以"悬搁"，在纯粹的意向性中进行审美的"环境想象"①。从美学对象来看，人类中心主义美学观是只以或主要以艺术美作为美学对象的，从而走上典型的艺术中心主

①［美］劳伦斯·布依尔：《环境的想象：梭罗、自然与美国文化的形成》，美国哈佛大学贝尔纳普出版社2001年版，第7—8页。

义。生态人文主义美学观在"此在与世界"的关系之中,从此时此刻的生存中进行美的体验。艺术与自然在"此在与世界"之关系中,并无伯仲高下之分。

下面,我们再从更加具体的审美范畴对两者加以区分。首先,从时间的角度来看,人类中心主义的美学观是一种没有时间感的静观美学。例如,康德美学就是一种人与对象保持距离的、判断先于快感的、仅仅凭借视听感官的典型的静观美学。其实,这种静观的审美形态在现实生活中是不可能存在的。它是一种纯粹在理论中存在的认识论美学。生态人文主义美学观则是一种在时间中存在的动态的人的现世的美学。诚如德国美学家韦尔施所说:"独辟蹊径:由人类之人(Homohumanus)到现世之人(Homomundanus)。"又说:"克服人类中心论的视角,从一开始就要采取一种不同的态度……人类的定义恰恰是现世之人(与世界休戚相关之人)而非人类之人(以人类自身为中心之人)……正是对现世之人的构想最终使我们放下人类中心主义……"①海德格尔更加明确地指出,作为现世之人的"此在"其意义就是在时间中展开的这一"此在"的存在方式。他说:"此在的存在在时间性中发现其意义。然而时间性也就是历史性之所以可能的条件,而历史性则是此在本身的时间性的存在方式。"②也就是说,真正的现实生活中的人是此时此刻生存着并由生到死之人,从而是具有历史之人。这种现世之人与包括自然生态在内的世界休戚相关,须

---

① [德]沃尔夫冈·韦尔施:《如何超越人类中心主义》,《民族艺术研究》2004年第5期。

② [德]马丁·海德格尔:《存在与时间》,陈嘉映、王庆节译,生活·读书·新知三联书店1987年版,第25页。

臾难离,因此,一切的人类中心主义在现实生活中是无法成立的。所以,时间性恰恰是现世之人的本真呈现。从时间性的角度来看审美,根本就不可能存在与人所借以生存的"世界"毫不相关的、仅凭视听觉的静观之美,只有存在于人的生存进程之中,所有感觉都介入的动态之美。这就是美国当代环境美学家阿诺德·伯林特所提出的"介入美学"(Aesthetics of engagement)。

再从空间的角度来看,人类中心主义的美学观是一种纯思辨的抽象美学,立足于对于极为抽象的美的本质的思辨与探讨。这种美学观是既不包括时间观,也不包括空间观。例如,康德为了沟通其纯粹理性与实践理性,实现其哲学的完整性,创造出作为沟通两者桥梁的"审美的判断力";黑格尔美学则是绝对理念在其自身发展中感性阶段的呈现。这些美学理论尽管不乏现实的根据,并具一定的理论阐释力,但总体上来看却是主要从纯粹理论出发,所以,不免其虚无高蹈性而脱离人生,是既无时间意识也无空间意识的。生态人文主义的美学观是一种人生的美学,人都是立足于大地之上,生活于世界之中,与空间紧密相关,所以,生态美学也是一种空间的美学。海德格尔十分明确地阐释了生态美学的"空间性"。他说:"此在本身有一种切身的'在空间之中的存在',不过这种空间存在唯基于一般的在世界之中才是可能的。"所谓"在世界之中",海氏认为存在两种情况,一种仍然是认识论的,空间中的"一个在一个之中",两者是二分对立,互相分离的;另一种则是存在论的,是居住、依寓与逗留,人与世界须臾难离血肉不分[1]。后来,海德格尔用"家园意识"来界定这种"空间性"。他说:"在这里,'家园'意指

————————
[1] [德]马丁·海德格尔:《存在与时间》,陈嘉映、王庆节译,生活·读书·新知三联书店1987年版,第67、70页。

这样一个空间,它赋予人一个处所,人唯有在其中才能有'在家'之感,因而才能在其命运的本己要素中存在。这一空间乃由完好无损的大地所赠予。"①段义孚将"家"的内涵界定为"安定"与"舒适"。他说:"我们想知道我们所处的位置,想知道我们是谁,希望自己的身份为社会所接受,想在地球上找个特定的地方安个舒适的家。"②正因为"家"是人舒适安定的依寓、栖居与逗留之所,是人须臾难离的"世界",所以,它与"围绕着人"的环境是不相同的。对段义孚来说,"'世界'是'关系的场域'(A field of relations),'环境'对人而言只是一种以冷冰冰的科学姿态呈现的非真实状况;在'世界'的'关系场域'中,我们才得以面对世界、面对自己,并且创造历史。"③很明显,"环境"与人的关系,就正是海德格尔所说的"一个在一个之中"的两者分离的认识论关系。从字义学的意义上说,"环境"(Environment)与"生态"(Ecological)也有着不同的含义,前者有"包围、围绕与围绕物"之意,没有摆脱"二元对立";后者则有"生态的与生态保护的"之意,与古希腊词"家园与家"紧密相关,反映了人与自然融为一体的情形。这就是我们将生态人文主义的美学观称作"生态美学"而不称作"环境美学"的重要原因。当然,在现实生活中,自然对人并不总是温和友好的,有时也是严峻甚至是暴虐的。杜威将自然称作是人类的"后母",段义孚对此进行了更加具体的描述。他说:"自然既是家园,

①［德］马丁·海德格尔:《荷尔德林诗的阐释》,孙周兴译,商务印书馆 2000 年版,第 15 页。

②转引宋秀葵:《地方、空间与生存——段义孚生态文化思想研究》,中国社会科学出版社 2012 年版,第 45 页。

③转引宋秀葵:《地方、空间与生存——段义孚生态文化思想研究》,中国社会科学出版社 2012 年版,第 45 页。

也是坟墓;既是伊甸国,也是竞技场;既如母亲般的亲切,也如魔鬼般的可怕。"①正因此,段义孚提出人类常不免选择"逃避",从而写作了著名的《逃避主义》一书。这种"逃避"既包括择地而居的迁徙,也包括通过艺术创作在想象中创造出理想的人类之家来。他说:"文化是想像的产物,无论我们要超出本能或常规做些什么,总是会在头脑中先想像一下。想像是我们逃避的唯一方式。逃到哪里去? 逃到所谓的'美好'当中去——也许是一种更好的生活,或是一处更好的地方。"②但他极力反对压制扭曲自然的"审美剥夺"式的想象,倡导一种"改变或掩饰一个令人不满的环境"的想象。这到底是一种什么样的审美想象呢? 我想这应该是一种如美国生态文学批评家劳伦斯·布伊尔所说的与"绿色文学"有关的"绿色的想象",构建一种人与自然共生共荣的美好家园。

下面要涉及的就是生态美学所特有的"生命性"内涵,这也是它与人类中心主义认识论美学的重要区别之一。从古希腊开始,以"模仿论"为其标志的认识论美学就力倡一种外在的形式之美,所谓"比例、和谐、对称、黄金分割"等。但过分地强调这种外在的形式美就会导致一种无机性、纯形式性。这也正是传统认识论美学的弊端之一。生态人文主义的美学观抛弃了这种无机性与纯形式性,将"生命性""生命力"等带入美学领域,使之成为生态美学的有机组成部分。著名的"盖亚定则",就是生态人文主义的重要内涵,它将地球比喻为能进行新陈代谢的充满生命活力的地母

①[美]段义孚:《逃避主义》,周尚意、张春梅译,河北教育出版社 2005 年版,第 9 页。

②[美]段义孚:《逃避主义》,周尚意、张春梅译,河北教育出版社 2005 年版,第 145 页。

盖亚,从而创建了著名的地球生理学,以是否充满生命力与健康状态作为衡量自然生态的重要标准。更进一步,由著名的环境美学家艾伦·卡尔松明确提出外在的形式之美是一种"浅层次的美","深层含义"的美则为"对象表现生命价值"①。这种"生命性"与"生命力"的美学内涵恰与中国古代的"有机性"的"生命哲学"与美学相契合,所谓"生生之谓易""气韵生动"等,均可在建设当代生态美学中发挥重要作用。

总之,人类中心主义的退场标志着传统认识论美学的退场,也意味着一种新兴的以生态人文主义为根基的生态美学的产生并逐步走向兴盛。而且,在我国,这还意味着对以人类中心主义为根基、以"自然的人化"为核心原则的实践美学的突破,意义深远。

---

① [加]艾伦·卡尔松:《环境美学》,杨平译,四川人民出版社 2006 年版,第 207 页。

生态存在论美学视野中的
自然之美①

自然美问题是美学的难点与热点。李泽厚在《美学四讲》中指出："就美学的本质说，自然美是美学的难题。"②叶朗在《美在意象》中说："自然美问题，在美学史上是一个引人关注的问题。"③也有人更为形象地将自然美说成是美学的"斯芬克斯之谜"。最近，有的学者认为："生态美学虽然这几年相对来说比较热闹，但是，它的哲学基础和核心命题都还是空缺。"④这个问题提得很好，也很尖锐。其实，所谓"核心命题"主要就是"自然之美"问题。本文从生态存在论美学的立场出发，尝试阐述有关自然之美的问题，以求教于大家。

（一）

自然之美不是实体之美，而是生态系统中的关系之美。它不

①原载《文艺研究》2011 年第 6 期。
②李泽厚：《美学四讲》，生活·读书·新知三联书店 1998 年版，第 73 页。
③叶朗：《美在意象》，北京大学出版社 2009 年版，第 178 页。
④徐碧辉：《从实践美学看生态美学》，《哲学研究》2005 年第 9 期。

是主客二分的客观的典型之美,也不是主观的精神之美。事实告诉我们,自然界根本不存在孤立抽象的实体的客观自然美与主观自然美。西文中的"自然"一词有"独立于人之外的自然界"之意,与中国古代"道法自然"中的"自然"内涵不同,主要指物质世界而非一种状态。早在古希腊,亚里士多德在其《物理学》中讨论了自然,他说:"只要具有这种本源的事物(即因自身而存在)就具有自然。一切这样的事物都是实体。"①可见,西方历来将自然看作是相异于人、独立于人之外,甚至是与人对立的物质世界。这就必然推导出自然之美就是这种独立于人之外的物质世界之美,但这种美在现实中实际上是不存在的。从生态存在论的视角看,人与自然是此在与世界的关系,两者结为一体,须臾难离。而且,人与自然是特定时间与空间中此时此刻的关系,不是相互对立的。正如美国生态哲学家伯林特所说:"自然之外并无一物",人与自然的"关系仍然只是共存而已"②。恩格斯也对那种将人与自然割裂开来的观点进行了严厉的批判。他说:"那种把精神和物质、人类和自然、灵魂和肉体对立起来的荒谬的、反自然的观点,也就愈不可能存在了。"③因此,在现实中,只存在人与自然紧密相连的自然系统,也只存在人与自然世界融为一体的生态系统之美。在这里,"生态"有家园、生命与环链之意,所以,生态系统之美就有家园与生命之美的内涵。

---

① 《亚里士多德全集》第 2 卷,苗力田译,中国人民大学出版社 1991 年版,第 31 页。

② [美]阿诺德·伯林特:《环境美学》,周雨、张敏译,湖南科学技术出版社 2006 年版,第 9 页。

③ 《马克思恩格斯选集》第 3 卷,人民出版社 1972 年版,第 518 页。

　　至于是否有实体性的"自然美",是一个在国际上普遍被争论的问题。那么,在自然之美中,对象与主体到底是怎样的关系呢?从生态系统来看,它们各自有其作用。"荒野哲学"的提出者罗尔斯顿认为,在自然生态审美中,自然对象的审美素质与主体的审美能力共同发挥作用。从生态存在论哲学的角度看,自然对象与主体构成共存并紧密联系的机缘性关系。人在世界之中生存,如果自然对象对于主体是一种"称手"的关系,获得肯定性的情感评价,人就会处于一种自由的栖息状态,那人与自然对象就是一种审美的关系。有学者认为:"美学作为感性学,它的最重要的特点就是必须指涉具体对象,审美活动必须在具体的活生生的感性形象中进行。生态学强调的有机整体无法成为审美对象,因为整体不是对具象的凸显,而是湮没;生态学强调的关系无法成为审美对象。"①这个问题是具有普遍性的。因为在传统的认识论美学中,从主客二分的视角来看,审美主体面对的确实是单个的审美客体;但从生态存在论美学的视角看,审美的境域则是此在与世界的关系,审美主体作为此在,所面对的是在世界之中的对象。此在以及世界之中的对象,与世界之间是一种须臾难离的机缘性关系,因而形成一种关系性的美,而非一种实体的美。这就说明,我们所面对的既非抽象的实体,也非空泛的关系,而是关系中的对象。海德格尔对这种情形进行了深刻的阐述,他认为,这种"在之中"有两种模式,一种是认识论模式的"一个在一个之中",另一种是存在论意义上的"在之中",是一种依寓与逗留。他说:"'在之中'不意味着现成的东西在空间上'一个在一个之中';就源始的意义而论,'之中'也根本不意味着上述方式

①刘成纪:《生态学时代的新自然美学》,《光明日报》2005 年 2 月 18 日。

的空间关系。'之中'（'in'）源自 innan-，居住，habitare，逗留。'an'（'于'）意味着：我已住下，我熟悉、我习惯、我照料。"①这说明，在生态美学视野的自然审美中，此在所面对的不是孤立的实体，而是处于机缘性与关系性中的审美对象。正如阿多诺所说："若想把自然美确定为一个恒定的概念，其结果将是相当荒谬可笑的。"②

（二）

自然之美有别于认识论的"自然的人化"之美，也有别于生态中心论的"自然全美"，而是生态存在论的"诗意栖居"与"家园之美"。众所周知，李泽厚曾提出"自然的人化"。他说："我当年提出了'美的客观性与社会性相统一'亦即'自然的人化'说。"③但这种说法是难以成立的，原因如下：第一，"自然的人化"并不都是美的。太湖周围"人化"的结果是严重污染，造成生态灾难。整个华北地区无节制地开发地下水，造成地下水已近枯竭。这样的"人化"难道也是一种美吗？第二，这一理论误读了马克思的哲学观与美学观。马克思并不是在美学的意义上讲"自然的人化"以及劳动创造美。他的《1844年经济学哲学手稿》在谈到对象与人的感官的互相创造关系时，说："一句话，人的感觉、感

---

① ［德］马丁·海德格尔：《存在与时间》，陈嘉映、王庆节译，生活·读书·新知三联书店1987年版，第67页。

② ［德］西奥多·阿多诺：《美学原理》，王柯平译，四川人民出版社1998年版，第125页。

③ 李泽厚：《美学四讲》，生活·读书·新知三联书店1998年版，第74页。

觉的人性,都只是由于它的对象的存在,由于人化的自然界,才产生出来的。"①显然,这里说的是人的感觉是社会的,是在具有社会性的对象的创造中形成的,并不是在讲自然美。关于劳动创造美,《手稿》"异化劳动"部分在批判资本主义劳动对于人的压迫时,讲到"劳动创造了美,但是使工人变成畸形"②。如果仅仅引用以上这段话,给人的感觉就是,马克思是力主人在自然美创造中处于主导作用。这显然是一种人类中心主义。但实际情况恰恰相反,马克思在论述共产主义时提出"彻底的自然主义与彻底的人道主义的统一"。他说:"这种共产主义,作为完成了的自然主义,等于人道主义,而作为完成了的人道主义,等于自然主义,它是人和自然之间、人和人之间矛盾的真正解决,是存在和本质、对象化和自我确证、自由和必然、个体和类之间斗争的真正解决。"③他在《手稿》"异化劳动"的部分指出:"人却懂得按照任何一个种的尺度来进行生产,并且懂得怎样处处都把内在的尺度运用到对象上去;因此,人也按照美的规律来建造。"④以上论述,包含着鲜明的生态维度。马克思还曾对"自然的人化"进行尖锐的批判,以化学工业对河流的污染为例,指出河水的污染剥夺了鱼的"本质",使河水成为"不适合鱼生存的环境"。他对过度的"人化"发出警告:"每当工业前进一步,就有一块新的地盘从这个领域划出去……"⑤普列汉诺夫曾以狩猎时代没有对植物的欣赏为

①《马克思恩格斯全集》第 42 卷,人民出版社 1979 年版,第 126 页。
②《马克思恩格斯全集》第 42 卷,人民出版社 1979 年版,第 93 页。
③《马克思恩格斯全集》第 42 卷,人民出版社 1979 年版,第 120 页。
④《马克思恩格斯全集》第 42 卷,人民出版社 1979 年版,第 97 页。
⑤《马克思恩格斯全集》第 42 卷,人民出版社 1979 年版,第 369 页。

例,证明生产实践是审美的唯一决定因素以及"自然的人化"的合理性。这也不完全符合实际。生产方式是审美意识的终极根源,但不是唯一根源。甚至连普列汉诺夫也说:在狩猎时代,"这种生活方式使得从动物界吸取的题材占据着统治的地位"①,他没有说"唯一的地位"。恩格斯曾经针对当时的经济决定论指出:"根据唯物史观,历史过程中决定性因素归根结底是现实生活的生产和再生产。无论马克思或我都从来没有肯定过比这更多的东西。如果有人在这里加以歪曲,说经济因素是唯一的决定性的因素,那么他就是把这个命题变成毫无内容的、抽象的、荒诞无稽的空话。"②这说明,以生产决定论来证明"自然的人化"是没有充分理由的。

第三,这一理论所依据的是康德的"合规律性与合目的性相统一",以形式符合人的需要为标准,是人类中心主义的。李泽厚认为:"合规律性与合目的性相统一,这个'通向美的问题'和直觉",在社会美之中"更多是规律性服从于目的性",而在自然美中则更多是"以目的从属于规律"。③ 众所周知,从欧洲启蒙主义开始,主体性与人类中心主义就占据了主导地位,康德哲学与美学力主"人为自然立法",认为审美形式符合主体的目的,最后导致"美是道德的象征",他的"自然向人的生成"等观点都是人类中心主义的。"自然的人化"理论凭借康德哲学与美学理论,强调合目的性与合规律性相统一,其主体性与人类中心主义的哲学根基是明显的,必然导致主体的目的性压倒自然的规律性。特别需要指出的是,李泽厚将康德的观点附加到马克思身上,提出以"康德—

---

① 王荫庭编:《普列汉诺夫读本》,中央编译出版社 2008 年版,第 247 页。
② 《马克思恩格斯选集》第 4 卷,人民出版社 1972 年版,第 477 页。
③ 李泽厚:《美学四讲》,生活·读书·新知三联书店 1998 年版,第 98 页。

席勒—马克思"的新公式代替"康德—黑格尔—马克思"旧公式的所谓理论创新。① 但这样的新公式不仅违背了马克思本人一再强调的与黑格尔哲学的直接继承关系，而且忽略了马克思唯物主义实践论与康德的本质区别。

自然之美有别于生态中心论的"自然全美"。卡尔松认为："全部自然界是美的。按照这种观点，自然环境在不被人类所触及的范围内具有重要的肯定美学特征。"② 这种"肯定美学"完全从自然的角度出发而不考虑人的需要。按照这一理论，罂粟花是美的，地震是美的，海啸也是美的。这违背了生态整体论的共存、共生与"稳定、和谐与美丽"的原则，不利于人类的生存与生态共同体的平衡。

自然之美应该是生态存在论的"诗意栖居"的"家园之美"，即海德格尔后期所论述的人在"天地神人四方游戏"中获得的犹如在家的栖居。俞吾金最近在《形而上学发展史上的三次翻转》一文中认为，海氏后期的从"人类中心"到"生态整体"的"翻转"是哲学界研究形而上学发展史，尤其是海氏形而上学观念发展史得出的"新结论"③。在这里，我们明确地将"诗意栖居"的"家园之美"作为生态美学的基本范畴提了出来，以区别于传统美学中有关自然美是对现实的反映与认识之美的观点。这种范畴的提出是一种革命，它不仅超越了传统的认识之美与形式之美，而且超越了

① 李泽厚：《批判哲学的批判》，生活·读书·新知三联书店 2007 年版，第435 页。

② ［加］艾伦·卡尔松：《环境美学》，杨平译，四川人民出版社 2001 年版，第109 页。

③ 俞吾金：《形而上学发展史上的三次翻转——海德格尔形而上学之思的启迪》，《中国社会科学》2009 年第 6 期。

传统的凭借科技的理性栖居之美。

　　海德格尔曾经在《荷尔德林的大地和天空》中讲道："对于这个诗人世界，我们依据文学和美学的范畴是决不能掌握的。"①这就告诉我们，生态存在论美学运用生态现象学的"运思经验"，是一种超越了传统形式论美学的崭新的美学形态。在这里，生态现象学的"运思经验"是十分重要的，它使生态存在论美学与传统认识论美学和形式论美学划清了界限。它超越了工业革命时代主体性的理性栖居，即所谓"自然的人化"，后者是一种凭借人的意志与工具对自然的开发，可能导致人类家园的破坏，是一种非美的生活。"诗意栖居"也有别于纯自然的栖居，即所谓"自然全美"，那实际上是一种膜拜自然的前现代状态，也是对工业革命的否弃。我们现在难道能够须臾离开科技与现代生活方式吗？"诗意栖居"与"家园之美"保留了理性栖居现代生活的长处，而否定其破坏自然的缺陷。它是生态文明时代新的生活方式，当然，这种生活方式需要重建，需要刷新目前的理念与许多做法。它有着十分丰富的"生存"内涵，恰恰是这种人与自然共生中的"美好生存"将生态观、人文观与审美观统一了起来。"生存"成为理解生态美学视野中自然之美的关键。如果用简洁的语言表述生态美学视野中的自然之美，可以是"在家"，即对"天地神人四方游戏"的生态系统的保护。所谓"在家"，就是人诗意的栖居、美好的生存，这正是生态存在论美学的主旨所在。审美与生存的必然联系，是生态存在论美学的要旨。海德格尔指出："此在总是从它的生存来领会自身。"又说："此在的'本质'在于

①［德］马丁·海德格尔：《荷尔德林诗的阐释》，孙周兴译，商务印书馆2000
　年版，第186页。

它的生存。"①是的,只有作为有生命同时又有理性的此在——
人——才有历史,有畏与烦,有痛苦与幸福,有生与死,也才有生
存。所有的真善美,都紧密联系着人的生存状态,与人的生命与
生存息息相关。海德格尔在谈到壶时认为,壶的物性不在作为陶
瓷"器皿",也不在它的"虚空",而在它的"赠品"(酒或水),因为这
赠品与此在紧密相连。他说:"倾注之赠品乃是终有一死的人的
饮料。它解人之渴,提神解乏,活跃交游。"②他还说:"在这里,
'家园'意指这样一个空间,它赋予人一个处所,人唯有在其中才
能有'在家'之感,因而才能在其命运的本己要素中存在。"③

　　当然,这种生态存在论美学视野中的家园之美在审美过程中
不是完全客观存在的,需要审美主体通过语言去创建。海氏说
道:"诗乃是存在的词语性创建。"④他以荷尔德林《返乡——致亲
人》为例,具体展示了这种创建。该诗描写1801年春作为家庭教
师的荷尔德林从图尔高镇经由博登湖回到故乡施瓦本的情形。
诗中写道:"回故乡,回到我熟悉的鲜花盛开的道路上,……群山
之间,有一个地方友好地把我吸引。"诗中,故乡的山林、波浪、山
谷、小路、鸟儿与花朵都与诗人紧密相连,以空前的热情欢迎诗人
返乡。诗人以深情的笔触勾画了一幅无比美好的家园图景:"在

---

①〔德〕马丁·海德格尔:《存在与时间》,陈嘉映、王庆节译,生活·读书·新
　知三联书店1987年版,第16、52页。
②《海德格尔选集》,孙周兴选编,生活·读书·新知三联书店1996年版,第
　1173页。
③〔德〕马丁·海德格尔:《荷尔德林诗的阐释》,孙周兴译,商务印书馆2000
　年版,第15页。
④〔德〕马丁·海德格尔:《荷尔德林诗的阐释》,孙周兴译,商务印书馆2000
　年版,第45页。

宽阔湖面上,风帆下涌起喜悦的波浪。此刻城市在黎明中绽放鲜艳,渐趋明朗。从苍茫的阿尔卑斯山安然驶来,船已在港湾停泊。岸上暖意融融,空旷山谷为条条小路所照亮。多么亲切,多么美丽,一片嫩绿,向我闪烁不停。园林相接,园中蓓蕾初放。鸟儿的婉转歌唱把流浪者邀请。一切都显得亲切熟悉,连那匆忙而过的问候。也仿佛友人的问候,每一张面孔都显露亲近。"[1]这一宗宗自然物仿佛都是家人,每一张面孔都显露亲切,都是对流浪者的"邀请"。游子在这样的自然世界中就是一种"返乡"与"回家",但最根本的是透过这一切返回到"本源近旁"。这就是生态存在论美学视野中的自然之美。

由此可见,自然之美是此在与对象生存论关系中"返乡"与"回家"之感,是对存在者的超越。这里的"返乡"与"回家"不是通常的存在者之美,而是作为存在者背后的不在场的存在的彰显。通常的存在者之美是一种外在的比例、对称与艳丽之美,不涉及存在,还常常会走向反面。例如,罂粟花从外表来看是美的,但它作为毒品,直接危害到人的生存,则是非美的。"返乡"与"回家"则深入到作为此在的人的生存深处,是关乎人类终极命运并真正扣人心弦的一种美。所以,"返乡""回家"与"诗意栖居"是人与自然的共生共存,是真正的自然之美;而无节制的"自然的人化"则是典型的人类中心主义,只会导致家园的破坏和失去。现在,我们已经在很大程度上破坏了赖以栖居的家园,已经到了必须在无节制的"自然的人化"面前保持足够警醒和适当停下脚步的时候了。而"自然全美"则是一种生态中心主义,必然导致妨碍人类必

---

① [德]马丁·海德格尔:《荷尔德林诗的阐释》,孙周兴译,商务印书馆2000年版,第6—7页。

要生存的后果，也是一条走不通的路，是无法实现的乌托邦。

需要说明的是，我们并不是将"诗意栖居"和"家园之美"与"自然的人化"与"自然全美"相对立，而是从存在论与认识论、现象学与主客二分这两种不同的哲学观与思维方式层面厘清它们的区别，阐述生态存在论美学视野中自然之美作为"诗意栖居"与"家园之美"的合理性。

（三）

自然之美不是传统的凭借视听的静观之美，而是以人的所有感官介入的"结合美学"。自然审美面对的是活生生的自然世界，不是康德讲的无功利审美，而是在人面对自然世界时以全部感官介入的"结合之美"。伯林特称之为"参与美学"："它将会重建美学理论，尤其适应环境美学的发展。人们将全部融合到自然世界中去，而不像从前那样仅仅在远处静观一件美的事物或场景。"①"参与"（Engagement）有"婚约、约会"之意，我们认为译作"结合"为好。因为从词义上说，"婚约"具有"百年好合"之意，而自然审美本身对三维空间实际上是融入其间的。人面对的是活生生的自然，不仅有画面，而且有声音与气味。自然是动态的，是与人互动的。因此，自然之美就不是康德所说的静观之美、无功利之美，而是结合之美。试想，秋天时分，我们到香山观赏红叶，那扑面而来清新的山林气息，鸟儿美妙的啼鸣，红叶的灿若烟火，使我们得到美好的享受。相反，沙尘暴中那漫天弥漫的黄沙给我们的感官

---

① [美]阿诺德·伯林特：《环境美学》，周雨、张敏译，湖南科学技术出版社2006年版，第12页。

以难以忍受的刺激。长期以来,我们受康德"判断先于快感"的美学理念影响很深,忽视了感官知觉在审美中的重要作用。这就使美学无法解释生态审美与生活审美,当然也无法解释正在蓬勃兴起的视觉艺术。因此,"结合美学"的提出实际上从一个侧面反映了美学的发展与解放。伴随着"结合美学"的兴起,出现了自然审美中的"生态崇高"这一新的美学论题。这是美国当代生态批评家斯维洛克在《走出去思考——入世、出世及生态批评的职责》一书中借用的一个美学概念,其意为"需要特定的自然体验来达到这种愉快的敬畏与死亡恐怖的非凡结合"①。这是在实实在在的自然体验中出现的一种特殊的崇高之感,不同于康德非功利的、凭借理性战胜自然的古典形态的崇高,而是完全介入的、凭借生存与生命之力甚至会导致牺牲的崇高。例如,大地震中为营救同胞而与天灾抗争导致的死亡,草原狼祸中抗击狼群而导致的牺牲等。首先这都是全身心投入的抗争,无静观可言;其次不是抽象的理性力量的胜利,而是人的生存与生命之力的胜利。当然,这也不是什么自然的形式之美,而是超越自然的生存与生命之美。《圣经·旧约》记载了人类早期大洪水中义人诺亚一家在神的帮助下战胜洪水的故事。当时,洪水浩大,在地上泛滥一百五十天,天下的高山被淹没了,山岭被淹没了,凡在旱地上有气息的生灵都死了。诺亚在神的提示下建造了足以抵御洪水的方舟,将全家老小与每一种动物中的一公一母都带到方舟之上。洪水退后,人类与动物得以保存。这是早期人类抵御自然灾难的一种生态崇高,曲折地表现了人类强烈的生存欲望与能力。

---

①［美］斯洛维克:《走出去思考——入世、出世及生态批评的职责》,韦清琦译,北京大学出版社 2010 年版,第 172 页。

　　自然之美不是依附于人的低级之美，而是体现人的回归自然本性的、与其他审美形态同格的重要审美形态。所以，自然生态之美不是黑格尔所说的低于艺术美的、依附于人的"朦胧预感"的低级之美，它体现了人类来自自然、与自然须臾不离的本性。人类有没有自然本性，也是一直争论的问题。长期以来，我们强调的是人区别于动物的理性与社会性，而相对忽视了人与动物一致的自然本性。恩格斯在《自然辩证法》中恰恰强调了人与自然联系的本性。事实证明，自然本性作为人之本性并不是低级本性，它与社会性一样是每个人都具有的本性。所以，自然之美也决不是什么低级之美，而是反映了人的本性的重要审美形态。英国历史学家汤因比将地球称作"人类的大地母亲"。他说："生物圈是指包裹着我们这个星球（事实上的确是个球体）表面的这层陆地、水和空气。它是目前人类和所有生物唯一的栖身之所，也是我们所能预见的唯一栖身之地。"①"诗意栖居"与"家园之美"就是人类亲近大地与自然本性的表现。

（四）

　　生态存在论美学的自然之美与中国古代"天人相和""天地之大德曰生"的"中和论"与"生命论"美学恰相契合。中国古代哲学以"天人合一"为基调，审美与艺术形态以抒情诗、山水诗画为代表。艺术中所表现的主要是对于自然的感发与生命的体悟。因此，从某种意义上讲，中国古代的哲学与美学就是一种生态的、生

---

① ［英］汤因比：《人类与大地母亲》，徐波等译，上海人民出版社2001年版，第6页。

命的哲学与美学。以《周易》为代表的典籍所阐述的"中和"之美与"生生"之美,奠定了我国以"天人合一"为基础的美学的基本形态。《周易》乾卦《彖》传曰"保合太和,乃利贞",说明宇宙万物各正其位,和谐协调,就能使万物得利。中国古代将宇宙看作人类生存之家,所谓"天圆地方""天父地母"等,并将天、地、人看作有机联系的环链,所谓"道大,天大,地大,人亦大。域中有四大,而人居其一焉"(《老子·二十五章》)。这就将道、天、地、人有机相连,构筑了有利于人类生存的家园系统。在此基础上,产生了"天人相和"的"中和论"。仅仅将它看作中庸之道,是不全面的,它主要是一种天地各在其位、有利于万物生长的宏阔的东方"家园意识"。《礼记·中庸》篇曰:"喜怒哀乐之未发,谓之中;发而皆中节,谓之和。中也者,天下之大本也;和也者,天下之达道也。致中和,天地位焉,万物育焉。"《周易》还提出"元亨利贞"四德,其实就是中国古代之美,揭示了天地各在其位,为人类与万物提供美好家园,使得风调雨顺,万物繁茂的思想。

中国古代的"自然"是所谓"道法自然""顺其自然""自然而然""无为无欲""大化"等等。它是一种天地人各在其位的本然状态,进入这种本然状态,才能创造一种有利于人与万物美好生存的境遇。这种本然状态也是一种万物复归本位的状态。《周易》复卦六二爻辞云:"休复,吉。"在这里,"复"为"返本"之意,即回归本位,包括天人关系中阴阳各在其位,社会生活中人之还归、返乡,艺术创作与欣赏中走向素朴的"白贲""本色"等。所以,"自然"成为中国审美范畴中具有浓郁生态意味的特有范畴。

与此相关的是"生生"范畴。"生生"是"使动结构",前一个"生"是动词,后一个"生"为名词,其意为"使万物生命蓬勃生长"。

这是中国古代的特有的生命论哲学与美学。《说文》："生，进也，象草木生出土上。"甲骨文的"生"字，释文有："活也，鲜也""为祈求生育之事""多生"等。① 这种生命论体现于艺术活动的各个方面，如"气韵生动""文以气为主""浩然之气"等。

"中和"之美与"生生"之美不同于西方近代叔本华与尼采以生命意志为主要内容的生命哲学。"中和"是天地阴阳和谐协调的状态，"生生"则反映生物生长繁茂的状态，是一种自然生态的哲学与美学。我国民间艺术典型地反映了这种生命之美。年画中的儿童与动物集中表现了五谷丰登、人畜兴旺、瑞雪丰年、吉祥有余的景象。胖胖的儿童，大大的鲤鱼，肥肥的猪，高鸣的雄鸡等等，象征着吉祥、安康、富足的生活。《周易》还提出阳刚与阴柔两种宇宙运行状态与人生状态。这其实也就是审美的两种形态，前者阳刚之美可以与上述"生态崇高"相类似，而阴柔之美则是常态的"中和之美"。

总之，我们可以从"中和"之美与"生生"之美出发重写中国古代美学史。中国古典美学与西方认识论美学所谓"感性认识的完善"是不同的，它是一种以"中和"与"生生"为主要线索的生态的、生命的美学。这种美学的旨归是为人提供一个宏观的美好家园，人的"诗意栖居"之地。

"中和"之美是一种"家园之美"。它以整个天地为家，在这种天地、乾坤、阴阳相生相克之中，万物诞育，生命繁茂。这种古典形态的东方生态与生命美学必将在新世纪发出新的光辉。当今的时代，已经从工业文明发展到生态文明，经济发展模式、生

---

① 参见徐中舒主编：《甲骨文字典》，四川辞书出版社 2003 年版，第 687—688 页。

活方式与思想观念都发生了根本的变革,人类中心主义以及与此相关的"人定胜天"等观念也随之发生变化,审美观念也应发生相应的变革。我们认为,从生态存在论美学的视角来看,根本不存在孤立抽象的实体性的"自然美",也没有"人化自然"之美与"自然全美",只有生态系统中的人的生存之美,"诗意栖居"的"家园之美"。

最后,我想以汤因比的一段话作结:"人类将会杀害大地母亲,抑或将使她得到拯救? 如果滥用日益增长的技术力量,人类将置大地母亲于死地;如果克服了那导致自我毁灭的放肆的贪欲,人类则能够使她重返青春,而人类的贪欲正在使伟大母亲的生命之根——包括人类在内的一切生命造物付出代价。何去何从,这就是今天人类所面临的斯芬克斯之谜。"①地球是人类唯一的家园,保护好这个家园是我们思考自然之美的基本立场。

①[英]汤因比:《人类与大地母亲》,徐波等译,上海人民出版社 2001 年版,第 524 页。

生态现象学方法与
生态存在论审美观①

（一）

生态美学的基本范畴是生态存在论审美观，其所遵循的主要研究方法是生态现象学方法。正如海德格尔所说："存在论只有作为现象学才是可能的。"②这种方法就是通过对物质和精神实体的"悬搁"，"走向事情本身"，对事物进行"本质的直观"。将现象学方法运用于生态哲学与生态美学领域即成为生态现象学，生态现象学的最早实践者就是海德格尔。他早在 1927 年就在著名的《存在与时间》一书中运用现象学的方法，论证人的"此在与世界"的在世模式。但生态现象学的正式提出则是晚近的事情，2003 年 3 月，德国哲学家 U.梅勒在乌尔兹堡举行的德国现象学年会上作了题为"生态现象学"的报告。他说："什么是生态现象学？生态现象学是这样一种尝试：它试图用现象学来丰富那迄今

---

① 原载《上海师范大学学报》2011 年第 1 期。
② ［德］马丁·海德格尔：《存在与时间》，陈嘉映、王庆节译，生活·读书·新
　 知三联书店 1987 年版，第 45 页。

为止主要是用分析的方法而达致的生态哲学。"①

　　对于生态现象学的具体内涵,我们尝试做这样几点概括:第一,摒弃工具理性的主客二分、人与自然对立的思维模式,将传统的人类中心主义观念与对自然过分掠夺的物欲加以"悬搁"。诚如梅勒所说:"比起一种为人类的自我完善和世界完善的计划的自然基础负责的人类中心论来说,生态现象学更不让自己建立在将自然和精神二分的存在论的二元论基础之上。"②第二,回到事情本身,首先是回到人的精神的自然基础,探寻人的精神与存在的自然本性。梅勒指出:"对于生态现象学来说,问题的关键在于进一步规定这个精神的自然基础。"③第三,扭转人与自然的纯粹工具的、计算性的处理方式,走向平等对话的相互间性的交往方式。梅勒指出:在生态现象学道路上,"人们试图回忆起和具体描述出另外一种对于自然的经验方式,以及尝试指出,对自然的纯粹工具——计算性的处理方式是对我们经验可能性的一种扭曲,也是对我们的体验世界的一种贫化"。④　第四,生态现象学只有在适度承认自然的"内在价值"的前提下才是可能的。正如梅勒所言:"只有当自然拥有一种不可穷竭其规定性的内在方面,一种谜一般的自我调节性的时候,只有当自然的他者性和陌生性拥有一种深不可测性的时候,那种对非人自然的尊重和敬畏的感情才会树立起来,自然也才可能出于它自身的缘故而成为我们所关心

①［德］U.梅勒:《生态现象学》,《世界哲学》2004年第4期。
②［德］U.梅勒:《生态现象学》,《世界哲学》2004年第4期。
③［德］U.梅勒:《生态现象学》,《世界哲学》2004年第4期。
④［德］U.梅勒:《生态现象学》,《世界哲学》2004年第4期。

照料的对象。"①第五,对自然内在价值的适度承认必然导致对自然的祛魅与对机械论世界观的批判与抛弃。梅勒指出:"对自然的内在价值的哲学承认首先是对那种通过现代自然科学和技术而发生的自然去魅的一种批评。"②第六,生态现象学的提出与发展还可以导致将其与深层生态学的"生态自我"思想相联系。梅勒指出:"根据内斯,属人的他者与非人的他者是我们的较大的社会自我与生态自我,因此,我自己的自我实现紧密不可分地、相互依赖地与所有他者的自我实现联系在一起:'没有一个人得救,直到我们都得救。'"③

由上述可见,我们只有凭借这种"生态现象学方法"才能超越物欲进入与自然万物平等对话、共生共存的审美境界。中国古代道家的"心斋""坐忘",所谓"堕肢体,黜聪明。离形去知,同于大通"(《庄子·大宗师》),还有禅宗的"悬搁"物欲、善待自然的"禅定"方法,所谓"菩提本非树,明镜亦非台。本来无一物,何处惹尘埃"等,也是一种古典形态的生态现象学,完全可以将其与当代生态学建设结合在一起运用,使这种来自西方的理论方法更加本土化、民族化。

(二)

存在论与现象学是紧密相连的,生态现象学方法必然导向生态存在论审美观。"生态论的存在观"是当代生态审美观的最基

---

①[德]U.梅勒:《生态现象学》,《世界哲学》2004年第4期。

②[德]U.梅勒:《生态现象学》,《世界哲学》2004年第4期。

③[德]U.梅勒:《生态现象学》,《世界哲学》2004年第4期。

本的哲学支撑与文化立场,由美国建设性后现代理论家大卫·雷·格里芬提出,他从批判的角度提出"生态论的存在观"这一极为重要的哲学理念。这一哲学理念是对以海德格尔为代表的当代存在论哲学观的继承与发展,包含着十分丰富的内涵,标志着当代哲学与美学由认识论到存在论、由人类中心到生态整体,以及由对于自然的完全"祛魅"到部分"返魅"的过渡。从认识论到存在论的过渡是海德格尔的首创,为人与自然的和谐协调提供了理论的根据。

众所周知,认识论是一种人与世界"主客二分"的在世关系,在这种在世关系中,人与自然从根本上来说是对立的,不可能达到统一协调。当代存在论哲学是一种"此在与世界"的在世关系,只有这种在世关系才提供了人与自然统一协调的可能与前提。正如海德格尔所说:"主体和客体同此在和世界不是一而二二而一的。"①这种"此在与世界"的"在世"关系之所以能够提供人与自然统一的前提,就是因为"此在"即人的此时此刻与周围事物构成的关系性的生存状态,此在就在这种关系性的状态中生存与展开。这里只有"关系"与"因缘",而没有"分裂"与"对立"。"此在"存在的"实际性这个概念本身就含有这样的意思:某个'在世界之内的'存在者在世界之中,或说这个存在者在世;就是说:它能够领会到自己在它的'天命'中已经同那些在它自己的世界之内向它照面的存在者的存在缚在一起了"②。海德格尔进一步将这种

①[德]马丁·海德格尔:《存在与时间》,陈嘉映、王庆节译,生活·读书·新知三联书店1987年版,第74页。
②[德]马丁·海德格尔:《存在与时间》,陈嘉映、王庆节译,生活·读书·新知三联书店1987年版,第69页。

"此在"在世之中与同它照面并"缚在一起"的存在者解释为一种
"上手的东西"，犹如人们在生活中面对无数的东西，但只有真正
使用并关注的东西才是"上手的东西"，其他则为"在手的东西"，
亦即此物尽管在手边但没有使用与关注，因而没有与其建立真正
的关系。他将这种"上手的东西"说成是一种"因缘"，并说"上手
的东西的存在性质就是因缘。在因缘中就包含着：因某种东西而
缘，某种东西的结缘"①。这就是说，人与自然在人的实际生存中
结缘，自然是人的实际生存的不可或缺的组成部分，自然包含在
"此在"之中，而不是在"此在"之外。这就是当代存在论提出的人
与自然两者统一协调的哲学根据，标志着由"主客二分"到"此在
与世界"以及由认识论到当代存在论的过渡。正如当代生态批评
家哈罗德·弗洛姆所说："因此，必须在根本上将'环境问题'视为
一种关于当代人类自我定义的核心的哲学与本体论问题，而不是
有些人眼中的一种围绕在人类生活周围的细微末节的问题。"②

　　"生态论的存在观"还包含着由人类中心主义到生态整体过
渡的重要内容。"人类中心主义"自工业革命以来成为思想哲学
领域占据统治地位的思想观念，一时间，"人为自然立法""人是宇
宙的中心""人是最高贵的"等思想成为压倒一切的理论观念，这
是人对自然无限索取以及生态问题逐步严峻的重要原因之一。
"生态论的存在观"是对这种"人类中心主义"的扬弃，同时也是对
当代"生态整体观"的倡导。当代生态批评家威廉·鲁克尔特指

①［德］马丁·海德格尔：《存在与时间》，陈嘉映、王庆节译，生活·读书·新
　　知三联书店1987年版，第103页。
②［美］哈罗德·弗洛姆：《从超验到退化：一幅路线图》，《生态批评读本》，美
　　国乔治亚大学出版社1996年版，第38页。

出:"在生态学中,人类的悲剧性缺陷是人类中心主义(与之相对的是生态中心主义)视野,以及人类要想征服、教化、驯服、破坏、利用自然万物的冲动。"他将这种"冲动"称作"生态梦魇"①。冲破这种"人类中心主义"的"生态梦魇"而走向"生态整体观"的最有力的根据,就是"生态圈"思想的提出。这种思想告诉我们,地球上的物种构成一个完整系统,物种与物种之间以及物种与大地、空气都须臾难分,构成一种能量循环的平衡的有机整体,对这种整体的破坏就意味着危及到人类生存的生态危机的发生。从著名的蕾切尔·卡逊到汤因比、再到巴里·康芒纳,都对这种"生态圈"思想进行了深刻的论述。康芒纳在《封闭的循环》一书中指出:"任何希望在地球上生存的生物都必须适应这个生物圈,否则就得毁灭。环境危机就是一个标志:在生命和它的周围事物之间精心雕琢起来的完美的适应开始发生损伤了。由于一种生物和另一种生物之间的联系,以及所有生物和其周围事物之间的联系开始中断,因此维持着整体的相互之间的作用和影响也开始动摇了,而且,在某些地方已经停止了。"②由此可知,一种生物与另一种生物之间的联系,以及所有生物和其周围事物之间的联系,就是生态整体性的基本内涵。这种生态整体的破坏就是生态危机形成的原因,必将危及人类的生存。

按照格里芬的理解,生态论的存在观还必然地包含着对自然的部分"返魅"的重要内涵。这就反映了当代哲学与美学由自然

①[美]威廉·鲁尔克特:《文学与生态学:一项生态批评的实验》,《生态批评读本》,美国乔治亚大学出版社1996年版,第113页。

②[美]巴里·康芒纳:《封闭的循环——自然、人和技术》,侯文蕙译,吉林人民出版社1997年版,第7页。

的完全"祛魅"到对自然的部分"返魅"的过渡。所谓"魅"，是远古时期由于科技的不发达所形成的自然自身的神秘感以及人类对它的敬畏感与恐惧感。工业革命以来，科技的发展极大地增强了人类认识自然与改造自然的能力，于是人类以为对于自然可以无所不知，这就是马克斯·韦伯所提出的借助于工具理性的人类对自然的"祛魅"。正是这种"祛魅"，成为人类肆无忌惮地掠夺自然，从而造成严重生态危机的重要原因之一。诚如格里芬所说："因而，'自然的祛魅'导致一种更加贪得无厌的人类的出现：在他们看来，生活的全部意义就是占有，因而他们越来越嗜求得到超过其需要的东西，并往往为此而诉诸武力。"他接着指出："由于现代范式对当今世界的日益牢固的统治，世界被推上了一条自我毁灭的道路，这种情况只有当我们发展出一种新的世界观和伦理学之后才有可能得到改变。而这就要求实现'世界的返魅'（the Re-enchantment of the world），后现代范式有助于这一理想的实现。"①当然，这种"世界的返魅"绝不是恢复到人类的蒙昧时期，也不是对工业革命的全盘否定，而是在工业革命取得巨大成绩之后的当代对于自然的部分"返魅"，亦即部分地恢复自然的神圣性、神秘性与潜在的审美性。只有在上述"生态论存在观"的理论基础之上，才有可能建立起当代的人与自然，以及人文主义与生态主义相统一的生态人文主义，并成为当代生态美学观的哲学基础与文化立场。正因此，我们将当代生态美学观称作当代生态存在论美学观。

　　上面说到的"生态存在论"的"此在与世界"的在世关系解决

---

① ［美］大卫·雷·格里芬编：《后现代精神》，王成兵译，中央编译出版社1998年版，第221—222页。

了生态性与人文性的统一性问题,但生态性又如何与审美性相统一呢?为什么说生态存在论哲学观同时也是一种美学观呢?在存在论哲学中,美的内涵与传统的认识论美学中作为"感性认识完善"的美学内涵已大不一样——它的美的内涵已经与真、存在没有根本的区别,而是紧密相联。所谓美,就是存在的敞开与真理的无蔽。海德格尔指出:"美是作为无蔽的真理的一种现身方式。"①他还进一步举例解释道:"在神庙的矗立中发生着真理。这并不是说,在这里某种东西被正确地表现和描绘出来了,而是说,存在者整体被带入无蔽并保持于无蔽之中。"②在这里,海氏所说的是不同于通常的"比例、对称与和谐"的一种别样的"美"。这种美不是认识的美,不是对事物正确表现和描绘的美,而是一种"生态存在"之美,是真理的敞开、存在的显现。海氏以古希腊神殿为例,说明这种别具特点的"生态存在"之美。他说,这个神殿素朴地置身于巨岩满布之中,包含着神的形象,神殿无声地承受着席卷而来的风暴,岩石的光芒是太阳的恩赐,神殿的坚固与泰然宁静则显示出海潮的凶猛,与神殿密不可分的树木、草地、兀鹰、公牛、蛇和蟋蟀也显示出自然的本色。这就是"大地",人赖以乐居之所,也是万物涌现返身隐匿之所,从而大地成为人与万物的"庇护者"。正是在"大地"之上,神殿嵌合包括人在内的一切,构成一个统一体,并由此演绎出一幕幕人类的活剧,从而真埋敞开,存在显现。"诞生和死亡,灾祸和福祉,胜利和耻辱,忍耐和堕落——从人类存在那里获得了人类命运的形态。这些敞开的关联所作用的范围,正是这个历史性民族的世界。出自这个世界并

①《海德格尔选集》,孙周兴编译,上海三联书店1996年版,第276页。
②《海德格尔选集》,孙周兴编译,上海三联书店1996年版,第276页。

在这个世界中,这个民族才回归它自身,从而实现它的使命。"①由此,神殿由其所屹立的大地构成的天、地、人、万物与千年历史的独特的"世界"在其敞开中所显示的是古希腊人千年的悲欢离合、整个民族起伏跌宕的历史及其不同寻常的命运。这就是一种真理显现、存在敞开之美,就是"生态存在"之美。但如果将神殿搬离其千年屹立的岩石,离开这长久呼吸与共的"世界",被安放在博物馆和展览厅里,这种"生态存在"之美将不复存在。在此,生态性、人文性与审美性就在这种"此在与世界"的在世结构中得以统一。可见,"此在与世界"的在世结构成为生态存在论美学的关键与奥秘所在。其实,马克思在著名的《1844年经济学哲学手稿》中所论述的"美的规律"就包含着人与自然以及人文观、生态观与审美观的统一。因为,"美的规律"涉及到了三个层面内在统一的问题。首先是"内在的尺度",主要讲的是人的需要,属于人文观的范围;其次是"物的尺度",主要讲的是物种的需要,是生态观的范围,而两者的统一则是"美的规律",属于审美观的范围。这实际上是人文观、生态观与审美观的统一,包含着浓郁的生态美学意蕴。

(三)

　　生态现象学之所以与生态存在论审美观紧密相连,是因为现象学方法与美学是相通的。胡塞尔指出:"现象学的直观与'纯粹'艺术中的美学直观是相近的。"又说:艺术家"对待世界的态度与现象学家对待世界的态度是相似的"②。这就是说,现象学通

---

①《海德格尔选集》,孙周兴编译,上海三联书店1996年版,第262页。
②《胡塞尔选集》,倪梁康选编,上海三联书店1997年版,第1203页。

过"悬搁"的"意向性"途径回到"现象"本身的方法,与审美的摆脱客体与主体的艺术直观是相近的。这里点明了现象学的"现象"与审美的"经验"的相通性。生态存在论美学观的产生与现象学的第二阶段紧密相关。所谓现象学发展的第二阶段,就是 1927年左右产生的"相互主体性"阶段。胡塞尔在《笛卡尔的深思》与海德格尔在《存在与时间》中都提出"相互主体性"论断。胡塞尔指出:"一门完整的先验现象学显然还包含着由先验唯我论通向先验交互主体性的进一步途径。"①而海德格尔在《存在与时间》中提出人与世界的"此在与世界"的关联性关系。他们先后克服唯我论,走向人与自然万物的平等对话。只有在这样的语境下,生态现象学以及与之相关的生态审美观才有产生的可能。

　　生态现象学以及生态审美观最重要的美学范畴即"家园意识"。海德格尔早在 1927 年就在《存在与时间》中提出:"我居住于世界,我把世界作为如此这般熟悉之所而依寓之、逗留之。"②现象学美学家杜夫海纳将人与自然的审美关系比喻为家庭内部的母子、夫妻之间的关系。他说:人对自然的审美关系"就是一种隐藏着的力量、盖亚、母亲,也是召唤丈夫的妻子"。又说:"人类只因为自己是自然的产品、自然的儿子,才是这个自然的关联之物。"③这其实是通过现象学方法对长期占据压倒地位的科学主义与自然人化说"悬搁"的结果。海德格尔将失去家园的"无家可

①《胡塞尔选集》,倪梁康选编,上海三联书店 1997 年版,"编者引论"第17 页。

②[德]马丁·海德格尔:《存在与时间》,陈嘉映、王庆节译,生活·读书·新知三联书店 1987 年版,第 67 页。

③[法]杜夫海纳:《美学与哲学》,孙非译,中国社会科学出版社 1985 年版,第 7 页。

归"看作是科学主义盛行的情况下人之"在世"的基本方式。他说："无家可归是在世的基本的方式，虽然这种方式日常被掩盖着。"①他的审美的"家园意识"的提出就是对这种工具理性过度膨胀情况下的"无家可归"意识与情形的否弃。杜夫海纳对自然自身的审美表现力给予了肯定，并对资本主义工业化之中的"人化自然"论给予了批判。他说："不管自然人化与否，只要它是具有表现力的又是自然的时候，它就成为审美对象。"又说：在科技主义盛行的情况下，人对自然是一种技术的态度，"这技术的态度恰恰不是艺术性的技术态度而是工业的态度。工业对自然使用暴力，把思想上所想要的形式与功能强加给自然，而不是按照物质的启示和根据动作的自发性行事"②。

在这里，"家园意识"还意味着对一切传统哲学与美学观念的"悬搁"与否弃。首先当然是对传统的实体性美学的"悬搁"与否弃。因为，"家园"表明人与自然是一种"在家"的"关系"，不存在实体性物质性的自然之美，也不存在实体精神性的自然之美，自然之美是一种关系中的美。诚如杜夫海纳所说，自然之美是一种人与自然关系的文化之美。他说："自然之所以能从审美的角度去看，那是因为它能从文化的角度去看。"③这种文化关系就是人与自然的一种"在家"的关系。"家园意识"是对人与自然"疏离性"的一种"悬搁"与否弃，也是走向人与自然的亲密关系。众所

---

① ［德］马丁·海德格尔：《存在与时间》，陈嘉映、王庆节译，生活·读书·新知三联书店1987年版，第331页。

② ［法］杜夫海纳：《美学与哲学》，孙非译，中国社会科学出版社1985年版，第44、58页注①。

③ ［法］杜夫海纳：《美学与哲学》，孙非译，中国社会科学出版社1985年版，第43页。

周知,工业革命时期人类中心主义盛行,人对自然采取一种居高临下的"改造",甚至"阉割"的态度,人与自然是疏离的,甚至是对立的。海德格尔将这种情况比喻为人类在工具理性"促逼"下的"订造",给予了严厉的批判与否定。他说:"这片大地上的人类受到了现代技术之本质连同这种技术本身的无条件的统治地位的促逼,去把世界整体当作一个单调的、由一个终极的世界公式来保障的、因而可计算的储存物(Bestand)来加以订造。"①海德格尔生态审美观中"家园意识"的提出就是对这种工具理性的促逼与订造理论的"悬搁"与否弃,他还提出著名的人与自然亲密无间的"天地神人四方游戏"说,深刻地阐述了其中所包含的人与自然的亲密关系内涵。他说:"命运使四方进入其中从而取得自身,命运保存四方,使四方开始进入亲密性之中。"②

"家园意识"也是对"比例、和谐、对称"等物质的无机之美的适度悬搁与否弃。众所周知,古希腊强调一种物质自身的比例、和谐与对称等无机之美,生态美学与环境美学将这种物质的无机之美称作是一种"浅层次的美",而更加赞成一种与"生命价值"有关的"深层含义"的美。著名加拿大环境美学家卡尔松(Allen Carlson)转述了霍斯普斯(John Hospers)将美分为"浅层含义"与"深层含义"的观点。他说:"霍斯普斯描述它作为'审美'的'浅层含义'与'深层含义'的区分。当我们审美地喜爱对象时,浅层含义是相关的,主要因为对象的自然表象,不仅包括它表面的诸自

①[德]马丁·海德格尔:《荷尔德林诗的阐释》,孙周兴译,商务印书馆2000年版,第221页。
②[德]马丁·海德格尔:《荷尔德林诗的阐释》,孙周兴译,商务印书馆2000年版,第211页。

然特征,而且包括与线条、形状和色彩相关的形式特征。另一方面,深层含义,不仅关涉到对象的自然表象,而且关系到对象表现或传达给观众的某些特征和价值。普拉尔称其为对象的'表现的美',以及霍斯普斯谈到对象表现'生命价值'。"①卡尔松举出了塑料树的例子加以说明。他说:塑料的树可能是完美的复制品,非常类似于真正的树,但它最终在审美上不被接受,"主要因为它们不表现生命价值"②。这证明,"生命力"被引入生态美学与环境美学的领域,恰是生态现象学介入的结果。这种作为生态美学与环境美学中的"生命力"因素的另一个例证是,20世纪70年代大气化学家拉夫洛克(James E. Lovelock)提出著名的"盖亚定则"。他以希腊神话中的地母盖亚比喻地球母亲,提出地球通过植物与阳光的光合作用产生营养,哺育万物,地球是有生命的,是有着新陈代谢功能的,保持地球的生命健康是人类和万物得以繁茂的前提。这种"盖亚定则"也被称作"地球生理学",成为当代生态美学与环境美学的重要理论支撑。

　　总之,现象学方法是20世纪以来用以"解构"工业化以来主客二分思维模式蔓延与工具理性膨胀的主要途径,带来了哲学与美学领域的革命。从本质上来说,它与马克思主义的实践论对德国古典哲学的唯心主义与费尔巴哈的庸俗唯物主义的批判是相通的。尽管其"生活世界"的理论尚未摆脱唯心主义的弊端,但其革命性的作用却是不容忽视的。生态现象学带来了对

---

①[加]艾伦·卡尔松:《环境美学——自然、艺术与建筑的鉴赏》,杨平译,四川人民出版社2006年版,第206—207页。

②[加]艾伦·卡尔松:《环境美学——自然、艺术与建筑的鉴赏》,杨平译,四川人民出版社2006年版,第213页。

"人类中心主义"与"艺术中心主义"的解构和生态存在论审美观的建立，一系列新的美学观念应运而生，是美学领域的一场革命。我们将以此迎来新的生态文明时代，并将使新的生态存在论美学在新的时代发挥有助于人们确立以审美的态度对待自然环境的作用。

试论当代生态美学之核心范畴
"家园意识"与城市休闲文化建设

（参见第四卷《生态存在论美学论稿》第 168 页）

西方现代文学生态批评的
产生发展与基本原则①

我们一般将 1962 年蕾切尔·卡逊出版的《寂静的春天》作为西方现代文学生态批评的发轫,但文学生态批评的真正起始还应追溯到 1974 年美国生态学家与比较文学学者约瑟夫·密克合著《生存喜剧:文学生态学研究》的出版,以及"人类是地球上唯一的文学生物"这一主要观点的提出。文学"生态批评"由美国生态批评家威廉·鲁克尔特提出。他于 1978 年在《衣阿华州评论》(冬季号)上发表了题为《文学与生态学:一项生态批评的实验》的论文,首次提出"生态批评"术语,并将其命名为一种具有生态意识的文学活动;1985 年,费雷德里克·瓦格编撰出版了包括 19 位学者有关"环境文学"讲演内容的《讲授环境文学材料、方法与文献资料》,开创了生态批评领域合作研究的先河;1989 年,《美国自然文学通讯》创刊,其内容包括了与自然及环境有关的论文与书评;1990 年,美国内华达大学设立第一个"文学与环境研究"学术岗位;1991 年,在美国"现代语言学会"(MLA)上,生态批评家哈罗德·弗洛姆组织了名为"生态批评:文学研究的绿色化"的专题讨论会,使美国生态批评第一次在专业学术会议上得到广泛关注;

---

①原载《烟台大学学报》2009 年第 3 期。

1992年，在"美国文学学会"上，生态批评家格林·洛夫主持了名为"美国自然文学：新语境·新方法"的专题讨论，同年，成立了"文学与环境研究学会"（ASLE），司各特·斯洛维格担任首任主席，学会的成立成为将生态批评确立为一种新的文学研究流派的标志；1993年，帕特里克·默菲创建名为《文学与环境跨学科研究》的刊物；1995年，在美国"文学与环境研究学会"召开首次会议之后，哈佛大学劳伦斯·布伊尔出版了《环境想象：梭罗、自然书写与美国文化的构成》这一专著；1996年，切瑞尔·格罗特菲尔蒂与哈罗德·弗洛姆共同主编生态批评论文集《生态批评读本》；1998年，美国第一本生态论文集《生态环境：生态批评和文学》出版；1999年夏季号的《新文学史》出版了"生态批评"专号；2000年6月，爱尔兰科克大学举办国际性的生态批评大会；2000年10月，中国台湾淡江大学组织"生态话语"的国际会议；2001年，大卫·麦泽尔编撰出版《早期生态批评的一个世纪》；2002年，美国弗吉尼亚大学出版《生态批评探索丛书》；2002年3月，ASLE在美国召开"生态批评的新发展"研讨会；2003年，"文学与环境研究学会"在美国波士顿召开第五次学术会，主题为"生态文学如何促进环境保护运动"。①

　　以上就是生态批评发展的简单历程。现在的问题是，为什么生态批评作为一种文学的理论形态直到1978年才真正出现，而且直到今天在理论上还不太成熟。对于这个问题，我们认为，首先是由于文学理论与文学批评领域中"人类中心主义"的力量太过强大，难以突破；再就是，文学的生态观本身比起生态哲学、生

---

① ［美］切瑞尔·格罗特菲尔蒂：《前言：环境危机时代的文学研究》，《生态批评读本》，美国乔治亚大学出版社1996年版，第17—18页。

态伦理学又具有更多的繁难性。因为在生态观与人文观的关系之外，又外加了文学观与美学观的问题，更加显得复杂。因此，至今成熟的理论体系仍未见到，甚至还存在将生态文学与文学中的现实主义及心理学中的感觉主义相混同的现象，这也恰是理论不成熟的表现。无论如何，生态批评从1978年至今已走过了30年曲折的历程，显现了旺盛的生命力，并在不断发展成熟中渐呈覆盖之势，理论上也取得了许多成果。但仍然还有很多事情需要我们去完成，首先等待我们去做的就是总结既有的研究成果并在此基础上开创未来。

对于文学生态批评的基本原则，美国著名生态文学理论家施瓦布说：生态批评是一种文化批评。他的这种说法也对，也不对。生态批评的确是一种文化立场的重大转变，但这种转变又同时带来了美学原则的变更。因此，将文学的外部规律与内部规律截然分开还是一种二分思维，是不科学的。从这个角度说，生态批评是一个审美观念与批评原则的重大转变。生态批评目前还在继续发展之中，因此，对它的原则与主要特征只能根据我们现在掌握的材料加以归纳。

（一）生态批评是一种包含着
生态维度的文学批评

在生态批评提出之初，曾经有的理论家将其概括为生态学与文学的一种结合。当然，这里说的"生态学"应该是指"深层生态学"，即生态哲学。这一概括不能说没有道理，但略微简单了一点，而且有将作为自然科学的"生态学"硬性嫁接到人文学科之嫌。文学生态批评其实是生态哲学与文学的一种结合，这是没有问题的。生态批评提出之初,学者们没有经验,不免有不尽全面的说法。现在我们来看一下"生态批评"的最早提出者鲁克尔特的提法。他说:"很显然,我感兴趣的并不只是把生态学概念转移到文学研究当中,而是尝试一种生态构想背景中研究文学,所采用的方法不是对二者产生束缚,而且也不会只是引导一种建立在简单归纳与认识基础上的信仰改变……"①在这里,鲁克尔特首先强调了这是一种"信仰改变",也就是批评原则的重大转变。当然,他说不能仅仅局限于这种转变,还要付诸行动。威廉·霍沃斯直接对"生态批评家"下了这样一个定义:生态批评家即"'住所评价人',是一位对某些作品的优劣进行评价的人,这些作品描绘的是文化对自然的影响:他想赞美自然,谴责自然的掠夺者,同时希望通过政治行动来扭转掠夺者造成的损害,因此,Oikos 就是自然,是一种被爱德华·霍格立德称作'我们最宽广的家园'的地方,而 Krtis 指有鉴赏力的公断人,他要维护住所的整洁有序,防止随处乱放的靴子或碗碟破坏其原有布置"。② 布伊尔指出:"生态批评通常是在环境运动实践精神下开展的。换言之,生态批评家不仅把自己看作从事学术活动的人,他们深切关注当今的环境危机,很多人——尽管不是全部——还参与各种环境改良运动。他们还相信,人文学科,特别是文学与文化研究可以为理解和挽救环境危机做出贡献。"③总之,生态批评与过去所有批评形式最大的不同就在于:

---

① [美]威廉·鲁克尔特:《文学与生态学:一项生态批评的实验》,《生态批评读本》,美国乔治亚大学出版社 1996 年版,第 115 页。

② [美]威廉·霍沃斯:《生态批评的一些原则》,《生态批评读本》,美国乔治亚大学出版社 1996 年版,第 69 页。

③ [美]劳伦斯·布伊尔:《为濒临危险的地球写作》,美国哈佛大学贝尔纳普出版社 2001 年版,第 1 页。

它包含着过去从未包括的"生态维度"。正如另一位生态批评家哈罗德·弗洛姆所说："必须从根本上将'环境问题'视为一种关于当代人类自我定义的核心的哲学与本体问题,而不是像一些人所认为的那样,只是一种位于'重要的'人类生活周边的装饰。"①

　　由此可见,文学批评中生态维度的转变是一种"信仰转变",是一个关系到哲学"本体论"的重要问题。此前人类文学史和文学理论史上盛行的各种文学批评模式,应该说都是"人类中心主义"的。所谓社会的历史的批评是以传统的"人道主义"为其价值取向的,美学批评是以传统的"理念论"与"模仿论"等这些以"主体论"为中心的美学观念为其标准的,新批评是一种"文本中心主义",但这种"文本"也是人类的语言与文本,缺少与非人类物种的对话,非人类物种从来都是缺位和失语的;精神分析批评尽管强调了非理性的"原欲"(Libido),但最后还必须经"升华"的途径进入人的主宰范围;原型批评带有"人类学"的色彩,强调"集体无意识",但仍然是一种对于人的意识发生的描述;当代现象学与阐释学批评,也还是强调了"主体的构成功能"。总之,既往的文学批评形态都是缺少"生态维度"的,只有生态批评才第一次将"生态维度"纳入文学批评之中,并使之成为最根本的文化立场。这个文化立场就是当代生态哲学的立场,或者说就是当代生态整体论的立场。正如利奥波德在《沙乡年鉴》中所说:"当一个事物有助于保护生物共同体的和谐、稳定和美丽的时候,它就是正确的,当它走向反面时,就是错误的。"②这是一个当代

---

① [美]哈罗德·弗罗姆:《从超验到退化:一幅路线图》,《生态批评读本》,美国乔治亚大学出版社 1996 年版,第 38 页。

② [美]奥尔多·利奥波德:《沙乡年鉴》,侯文蕙译,吉林人民出版社 1997 年版,第 213 页。

生态哲学与生态伦理学原则,也是一个当代生态批评的原则。

(二) 生态批评是当代文学工作者
生态道德责任的体现

　　生态批评从其产生与实践来看,十分明显的是一种包含着当代文学工作者强烈的生态道德责任的文学批评形态。文学批评与生态道德责任的统一无疑是它的最重要原则。从这个意义上说,生态批评与纯粹审美主义的"为艺术而艺术""为形式而形式"的批评是界限分明的。众所周知,生态批评产生于环境污染十分严重的生态危机频发的 20 世纪 70 年代,这显然是一批富有正义感和对人类"终极关怀"情怀的文学工作者"拯救地球""拯救人类"的生态道德责任的表现。正如生态批评的首倡者威廉·鲁克尔特所说:"现在的问题,正如大多数生物学家所赞同的那样,是要找到阻止人类群体破坏自然群体——与之相伴随的是人类社会——的方法。生态学家喜欢称其为自我毁灭性或自杀性动因,它内在于我们那对自然所持的普遍的、自相矛盾的态度。概念性问题与实践性问题旨在发现两个群体——人类群体与自然群体——能够在生态圈中共存、互助与繁荣的基础。"①很明显,生态批评的提出是为了阻止人类群体对自然群体的破坏,防止走向自我毁灭的严重后果。另一位批评家利恩·怀特回顾了从文艺复兴以来的 14 世纪人类对自然环境强加影响的方式:首先是用炸药炸开矿物,烧制木炭,造成土地侵蚀和森林减少;此后,氢弹的威力足以

---

① [美]威廉·鲁克尔特:《文学与生态学:一项生态批评的实验》,《生态批评读本》,美国乔治亚大学出版社 1996 年版,第 107 页。

毁灭地球上所有生物的基因；最近，人口膨胀、城市无序发展、污水垃圾的增多更给地球与人类自身带来空前的危害。总之，"没有哪种生物像人类这样将自身的栖息之地弄得如此糟糕"。① 到底该如何解决呢？ 怀特回答说："我们应当如何应对？ 现在还没有人知晓。除非我们对根本问题加以思考。"②生态文学批评就是人类在对根本的问题加以思考之后的一种立足于改变人对自然的文化立场与态度的重要措施，是不同于以往的试图以文化影响自然环境，修复自然环境的崭新的途径。它的特殊责任与贡献就如格林·洛夫所说的："在于生态责任意识。"③

（三）生态批评是一种对文学进行 "价值重建"的绿色阅读

　　早在 19 世纪后期，尼采针对理性主义哲学文化思想的终结，曾经在其著名的《悲剧的诞生》中提出了"价值重估"的惊世骇俗之言。当今，从 20 世纪后期开始，生态文学与生态批评的崛起实际上又面临着文学艺术领域的一场新的"价值重估"。这场"价值重估"当然也是一种价值的重建，它是以"生态"或"绿色"为其特点的，所以我们将其称作"绿色阅读"。布伊尔曾说："如果没有绿色思考和绿色

①〔美〕利恩·怀特：《我们的生态危机的历史根源》，《生态批评读本》，美国乔治亚大学出版社 1996 年版，第 5 页。
②〔美〕利恩·怀特：《我们的生态危机的历史根源》，《生态批评读本》，美国乔治亚大学出版社 1996 年版，第 5 页。
③〔美〕格林·洛夫：《重新评价自然：面向一种生态批评》，《生态批评读本》，美国乔治亚大学出版社 1996 年版，第 230 页。

阅读,我就无法讨论绿色文学。"①格林·洛夫专门为生态批评的崛起写了一篇题为《重新评价自然》的文章,其实是重新评价文学对自然的描写与表现,明确提出了"重新评价某些文学与批评文本"的问题。他说:"我们本专业的同仁一定会把他们的注意力迅速转向这种文学:一种承认并生动地描绘人类与各种生命循环的统一性的文学。生态视角最终进入我们视野的时间不再遥远。正如当今我们在教学与理论中讨论种族与性别歧视问题,我们的批评与美学领域必定会重新评价某些文学与批评文本,这些文本只有一种弃绝地球的具有终极毁灭性的人类中心主义价值观,忽略了其他的价值观。"②为此,他针对"美国西部文学协会"的未来作用讲了三点看法:西部文学将位居预料中的批评转向的前沿;重新评价自然将伴随着具有重要意义的文学类别的重新排序;西部文学并非自身生态视野的唯一组成部分。在洛夫看来,摒弃"人类中心主义"价值观,坚持生态整体的文化立场。这是"绿色阅读"的基本出发点。

这样的"绿色阅读"必将重评经典,重评作家。当然,这样的重评与阅读并不意味着否定历史,而是对其当代价值给予新的阐发。例如,约瑟夫·密克就在《喜剧的模式》一文中,从当代生态理论出发,对传统的悲喜剧理论进行了全新的阐释。在传统戏剧理论中,悲剧是对一种崇高精神、英雄人物的颂扬,而喜剧则侧重表现小人物与丑角。因此,悲剧高于喜剧。但密克从当代生态理论出发,却得出了喜剧高于悲剧的结论。他说:"悲剧要求在二选

---

① [美]劳伦斯·布伊尔:《环境的想象:梭罗,自然与美国文化的形成》,美国哈佛大学贝尔纳普出版社 2001 年版,第 1 页。

② [美]格林·洛夫:《重新评价自然:面向一种生态批评》,《生态批评读本》,美国乔治亚大学出版社 1996 年版,第 235 页。

一的选择中做出选择,而喜剧认为,这两种选择可能都是错误的,生存要依靠使有关各方面都存在的和解。"因此,"喜剧在本质上是生态的"①。再如,当我们面对着文艺复兴时期英国重要剧作家莎士比亚的曾在文学史上放出独特光辉的著名悲剧时,我们说,如果对其进行"绿色阅读",那么必将要有一个"价值的重估"。例如,著名的歌颂人文精神的《哈姆雷特》中的名句:"人类是一件多么了不起的杰作!多么高贵的理性!多么伟大的力量!多么优美的仪表!多么文雅的举动!在行为上多么像一个天使!在智慧上多么像一个天神!宇宙的精华!万物的灵长!"很显然,这是对"人类中心主义"的颂歌。在人类肆意破坏自然、物欲急剧膨胀的今天,我们不能再继续肯定这种人文主义的颂歌了,但我们也不能因此而否定它当时在冲破中世纪宗教压迫、封建专制之中所起的解放人的精神的伟大作用。重评经典不等于否定经典。

　　绿色阅读是一个以"共生""整体""生命"为其旨归的阅读,应该包容各种阅读和批评模式。阿伦·奈斯在阐释自己的深层生态学时,曾说自己的生态哲学只是"生态智慧 T",还有生态智慧A、B、C,等等,要求各位同仁填补。当然,包容虽不是扼杀,但也并不舍弃"绿色的""生态的"价值立场。

（四）生态批评倡导一种坚持
生态立场的"环境想象"

　　文学是一种诉诸想象的艺术形式,通过想象创造形象是文学

---

①［美］约瑟夫·密克:《喜剧的模式》,《生态批评读本》,美国乔治亚大学出版社 1996 年版,第 164 页。

的任务与功能所在。著名的美国生态批评家劳伦斯·布伊尔力倡一种"环境想象"的理论观念,构成当代西方文学生态批评的重要理论原则之一。他的第一部生态批评专著就是《环境的想象:梭罗,自然文学与美国文化的形成》。布伊尔将这种"环境想象"确立了四条"标志性要素":一、非人类环境的在场并非仅仅作为一种框定背景的手法;二、人类利益并不被理解为唯一合法利益;三、人类对环境负有的责任是文本之伦理取向的组成部分;四、自然并非一种恒定之物或假定事实。① 按照这样四条"标志性要素",布伊尔的环境想象是有着明显的趋向生态整体论的价值取向的。

　　但"环境想象"毕竟是一个中性的概念,它应该包括"人类中心主义"与"生态中心主义"两种不同价值取向的"文学想象"。对于以"人类中心主义"为出发点的"环境想象",诗人雪莱的名言是:"诗人是未经确认的世界立法者。"布伊尔认为,有必要从环境的视角加以思考。对于"生态中心主义",布伊尔也没有完全认同,他以"深层生态学"为例,并借用生态批评家乔纳森·贝特的话将其看作是地球上可能不会完全实现的生态学之梦。他认为,对于生活在社会上的人们来说,优先考虑健康、安全与生活资料,这是可以理解的。由此可见,布伊尔坚持的还是折中以上两者的"生态人文主义",这应该是十分可贵的。他还谈到了"环境想象"的作用问题,认为它可以在这样几个方面促进读者与自然环境的关联性:促进读者与人类、非人类苦难与痛苦经验的关联;促使读者构想出各种不同的未来;促使他们从物欲中解

————————

① [美]劳伦斯·布伊尔:《环境的想象:梭罗,自然与美国文化的形成》,美国哈佛大学贝尔纳普出版社 2001 年版,第 7—8 页。

放,等等。①

　　当然,对布伊尔的"环境想象"理论,学界还存在着争议。"环境"一词本就包含"人类中心主义"的意蕴,不同于"生态",所以"环境想象"有可能引导作家重蹈"人类中心主义"的覆辙。至于"环境"与"生态"的关系,我们将会专门讨论,在此从略。

（五）生态批评的效应是通过"绿色阅读"使自然的"负熵"成为可能

　　文学生态批评的研究者与实践者由其面对地球与自然的特定对象决定,也由其力图解决"环境污染"的特定任务决定,又由其初期试图将"文学与生态学相结合"的主旨决定,所以,在文学生态批评的理论建设与实践中,不免常常使用自然科学的概念,譬如"能量""生态圈""平衡",等等,这可能就是当代文学生态批评的特点。文学生态批评的首次提出者鲁克尔特在论述生态批评的效应时,又运用了物理学的特有概念——"熵"。他说:"麦克哈格说,共生使负熵成为了可能:他认为负熵是在生态圈中发挥作用的一种创造性原则与过程,生态圈使万物沿着进化的方向发展,而进行的方向就成为生态圈的所有生命的发展特性。"②众所周知,在物理学中,"熵"就是指物体内在结构的不稳定性,而"负

---

① [美]劳伦斯·布伊尔:《为濒临危险的地球写作》,美国哈佛大学贝尔纳普出版社 2001 年版,第 1 页。
② [美]威廉·鲁克尔特:《文学与生态学:一项生态批评的实验》,《生态批评读本》,美国乔治亚大学出版社 1996 年版,第 120 页。

熵"指克服这种不稳定性使之趋向稳定。鲁克尔特仍然是借用物理学的"能量"概念,认为文学的创作、教学、阅读、传播等等都是一种能量传输的过程。他说:"因此,所有生态诗学的中心意图肯定都是为了发现一种能量的转化过程的运行模式,这种能量转化过程发生在人们从储藏在诗歌中的创造性能量起步,通过阅读、教学与写作活动依次完成创造性能量转化的活动:能量从诗歌中释放出来,转化成意义,并且最终——在一种生态价值体系中——得到应用,即应用于麦克哈格所谓的'合适与适应'以及被他定义为'创造性适应'的'良性状态';他借这种'良性状态'的观念建议我们创造一种合适的环境。这种行动可能会使文化发生变革并促使我们结束对生态圈的破坏。"他将这个过程称之为"文学转化成净化——救赎生态圈的行动"①。在这里,所谓"能量"只不过是一种比喻,归根结底,生态文学与生态批评所起的作用还是一种改变文化态度的作用。因为,当今的生态问题说到底是一种生产方式与生活方式的选择问题,是一种文化态度与立场的问题。通过生态文学与生态批评,改变人的文化立场与文化态度,选择与自然共生的生产与生活方式,这就是人类自我救赎之路,是文学生态批评的作用所在。

（六）生态诗学的建构

　　鲁克尔特在提出"生态批评"概念时即包含了建构当代生态诗学的构想。他说:"我想尝试探索文学生态学(Ecology of liter-

①［美］威廉·鲁克尔特:《文学与生态学:一项生态批评的实验》,《生态批评读本》,美国乔治亚大学出版社1996年版,第120页。

ature)，或是尝试通过一种将生态学概念应用于文学的阅读、教学与写作方式，发展一种生态诗学（Ecological poetics）。"①鲁克尔特在这里所说的"生态诗学"就是生态文学理论或生态文艺学，一种包含着生态维度的崭新的文学理论。

　　根据我们所了解的当代生态批评家的情况，这种"生态诗学"还在创建的过程之中，但其创建途径可概括为建立新的诗学原则与利用改造原有诗学原则两种。例如，洛夫在《重新评价自然》一文中就明确认为利奥波德在《沙乡年鉴》中提出的"土地伦理"就"可以充当全新田园观念的试金石"②。再就是，对于原有的诗学原则利用改造，在原有基础上使之进一步走向"绿色化"。对于苏联理论家巴赫金诗学理论的利用改造就是明显的例证。众所周知，巴赫金的交往对话理论、时空理论、狂欢化理论，以及开放性、未完成性等范畴都具有浓郁的生态内涵，甚至西方当代生态文学家就称这一理论是基于"关系科学的生态学的文学形态"③。因此，西方当代一些生态批评家力图在当代语境下运用生态理论对巴赫金的诗学思想进行新的阐释，使之更加"绿色化"，成为新的生态诗学的宝贵资源。

---

① [美]威廉·鲁克尔特：《文学与生态学：一项生态批评的实验》，《生态批评读本》，美国乔治亚大学出版社 1996 年版，第 107 页。

② [美]格林·洛夫：《重新评价自然：面向一种生态批评》，《生态批评读本》，美国乔治亚大学出版社 1996 年版，第 234 页。

③ [美]迈克·麦克杜威尔：《通向生态批评的巴赫金之路》，《生态批评读本》，美国乔治亚大学出版社 1996 年版，第 372 页。

生态女性主义与生态女性文学批评

（参见第五卷《生态美学导论》第 108 页）

美学走向生活："有机
生成论"城市美学①

　　20 世纪中期以来,由于世界范围内现代化的深入发展、大众
文化的日渐勃兴,美学逐渐摆脱"艺术哲学"的固定框架,大踏步
地走向生活。审美不仅与影视广告服装等日常生活紧密相连,而
且不断渗透到生态、环境与城市等重要领域,出现生态美学、环境
美学与城市美学等新兴的美学理论形态。特别是当代审美观念
由传统静观美学向体验美学的深化,更加为包括城市美学在内的
生活美学注入了活力。当代环境美学家阿诺德·伯林特在论述
"建立城市生态的审美范式"时认为:"对审美态度的通常描述,如
静观的、被动的、无利害的,这种描述与我们日常与环境打交道的
方式相距甚远,即以动态的身体投入为其特征。近年来艺术的发
展对这种分离式的美学提出了挑战,使艺术回归与其他物体的连
续性以及与我们环境的连续性","连续性和身体的投入成为艺术
的新的动态特征,使艺术从静态转变为一种富于生命力的、积极
的角色"。于是,他得出结论说:"审美成为衡量我们日常生活质
量的中心标志。"②

――――――――――

①原载《文艺争鸣》2010 年第 21 期。
②[美]阿诺德·伯林特:《环境美学》,张敏、周雨译,湖南科学技术出版社
　2006 年版,第 52—55 页。

　　的确,城市美学的发展使得美学与生活的联系更加紧密。正在举办的上海世博会的口号就是:"城市,让生活更美好。"大踏步发展的城市化,使得城市成为愈来愈多的人的生活"场所"与"家园",城市与数亿城市人的生存密切相关。数亿人生活工作在城市,用自己的身体与心灵体验着城市,城市对于我们的审美感受是多么大的冲击与影响啊!特别对于正在进行现代化建设的我国,现代化伴随着城市化,其速度与影响都是空前的。据有关资料提供,我国的城市化水平从 1978 年的 17.9% 迅速发展到 2009年的 46.6%。据预测,"十二五"期间,我国的城市化率将突破50%。到 2020 年,城市化率将达到 55% 至 60%,年均增长一个百分点以上。届时,将有 2 亿农村人口进入城市。这样的速度与态势都是十分惊人的。但在城市化过程中,如何避免粗制滥造、质量低下、千城一面的政绩工程,真正做到"城市,使生活更美好"呢?这却是一个关系到国计民生的大事,亟须将审美的维度引入城市建设与管理。城市美学在当前中国显得异常的急需!

　　最近,著名建筑学家吴良镛院士在刚刚结束的北京第十八届国际美学大会的主题发言"审美文化的综合集成:人居环境的最高艺术境界"中,提出了城市建设与管理的"有机生成"理论。我们觉得,可以以此作为建设具有中国特色的城市美学的一个核心概念,建构一种"有机生成论城市美学"。这里的"有机生成论",包含着东方思维与生物科学的重要内涵,体现了当代城市理论发展的新态势。美国当代地理学家爱德华·索亚 1996 年出版的《第三空间》一书,就在城市危机频发的情况下力倡一种开放而多元的城市理论。他说:"1960 年代后半叶,在都市危机,或者回过头来看,一场更为普遍的空间危机席卷全球的时候,空间意识的一种他者形式开始出现了。我有心称这一新的意识为'第三空间',由此来启动它推陈出新的定义,这是空间思考另一种模式的创造,发端于传统二元论的物质和精神空间,然而也在范域、实质和意义上超越了这两种空间。"①索亚这里说的"第三空间"是对工业革命时代现代性空间意识的超越,也是对"后现代"解构性、批判性空间意识的超越,是一种建构性的更加开放多元的空间意识。其反面代表是美国的洛杉矶,正面代表则是荷兰的阿姆斯特丹。当代城市美学就属于这种"第三空间"开放性、超越性、多元性意识范围。

我们提出"有机生存论"城市美学当然也在其中。它借助了东方哲学—美学中"有机的关系模式",同时也借助了当代生态哲学中"共生"的内涵,将"有机性""生命力"与"生成性"等导致城市充满生气、城市人美好生存等新的原则引进城市美学,超越了以往的比例对称和谐等形式美原则,具有崭新的革命的意义。在这里,肯定有人会问:上述生态学与生物学概念怎么会成为美学概念呢?我们认为,这里的生态学与生物学概念已经经过改造成为社会学与人文学科概念,与人的美好生存紧密相连,而人的美好生存是当代最重要的美学内涵。加拿大环境美学家艾伦·卡尔松在回答什么样的自然景观才是美的时,明确地将"生命力"引入他的环境美学。他在论述自然环境之美时,借用霍斯普斯的观点将审美分为"浅层含义"与"深层含义"两部分。所谓"浅层含义",即事物表面的自然特征。例如,线条、形状与色彩等形式特征。而"深层含义,不仅仅关涉到对象的自然表象,而且关系到对象表现或传达给观众的某些特征和价值。普拉尔称其为对象'表现的美',以及霍斯普斯谈到对象表现的'生命价值'"。卡尔松借助这

①[美]爱德华·索亚:《第三空间》,上海教育出版社2005年版,第13页。

一观点指出："我认为假如我们发现塑料的'树'在审美上不被接受，主要因为它们不表现生命价值。"①

可见，"生命力"进入美学已经不是什么奇怪的事情。下面我们尝试着对这种"有机生成论"城市美学的基本原则进行以下阐释。

第一，天人相和，顺应自然。在这里，我们借用了中国古代传统文化中"天人相和"的生态智慧。《周易》提出著名的天地人"三才"之说，要义是人文符合天文，所谓"保合太和，乃利贞"（《周易·彖》）。也就是说，只有人文符合天文才能够做到社会稳定人民安康。这里的"天人相和"主要是顺应自然，尽量保存自然原貌，按照自然规律建设城市，使得城市人得以亲近自然等等，使我们的城市具有明显的"自然性"。"自然性"就是与纯工业化之时城市建设的"无机性"相对立的"有机性"。按照这样的"自然性"与"有机性"的观点建设我们的城市，那就要尽量保护自然原生态，不要轻易改变自然原貌。湿地是城市之肺，不能轻易填平；海岸、江岸是江河的保护线，不能轻易修成通衢大道；海湾是海边城市之魂，不能轻易修成跨海大桥，改变湾内环流；不能在城市各地到处硬化浇灌水泥，堵塞城市的渗水功能，导致雨水内涝。城市绿化应按照"自然性"的"和实相生"的原理，让多种树木杂生，不要从所谓经济利益出发砍林，种桉种茶；城市应该呈绿地与商区交错结合态势，不要变成一律的高耸入云的水泥大厦等等。在这方面，美国著名生态规划师帕特丽夏·约翰松是实践的典范。面对愈加严重的环境污染，她坚信："艺术能够拯救地球。"多年来，

① ［加］艾伦·卡尔松：《环境美学——自然、艺术与建筑的鉴赏》，杨平译，湖南人民出版社 2006 年版，第 207、213 页。

她游历全球,创建了许多大型公共工程,以实现她拯救地球的梦想。她与工程师、城市规划者、科学家与市民团体合作,在各大都市将自己的构想变成基础实施。在旧金山,她的作品是一个下水道和一个使公众可以接近海水、为濒危物种提供栖息地的海滨大道。她的另一个作品吸引人们进入亚马孙雨林探幽揽胜,净化了一条被污染的非洲河流;在韩国,她修建了占地912英亩的公园,为老虎、鹤、鹿、蝙蝠等动物创造了一片沃土。总之,"她的设计,在净化水质、处理污水、创建栖息地的同时,还满足了人类对于美、归属感和历史回忆的需要"。①

　　第二,阴阳相生,灌注生气。这是一种中国古典形态的万物生成论,迥异于西方的创世生成说。西方古代是以理念作为世界本源的,基督教出现后即以基督创作作为世界生成的根据。但中国古代则以素朴的阴阳相生作为世界万物生成的根源,这是一种内在的世界与万物生成的理论。老子有言:"道生一,一生二,二生三,三生万物。万物负阴而抱阳,冲气以为和。"(《老子·四十二章》)《周易·系辞下》也说:"天地氤氲,万物化醇。男女构精,万物化生。"周敦颐在《太极图说》中说道:"二气交感,化生万物。"等等。中国古代阴阳相生的生成论思想一以贯之。这种思想力主阴阳相生,才能构成生命,灌注生气,并将其运用于建筑之中,成为著名的"堪舆"之学。对于这种学问,我们抛去其中的诸多迷信色彩,吸收其精华,还是可以运用于当代城市建设。例如,在天与地、山与水、南与北、上与下诸多阴阳因素中,应该运用相反相成的规律,使城市建设保持内在的活力与生气;遵循天人相和、乾

---

①[加]卡菲·凯丽:《艺术与生存》,陈国雄译,湖南科学技术出版社2008年版,第2页。

坤相宜、背山面水、坐南朝北、寒暑兼顾等生成论原则,力避开山不止,取水无度,竭泽而渔,填湖造田,围海造楼,截断河流,挖断水脉等破坏阴阳相生之生态规律的事情发生。这样做的结果,必然是阻断城市的生命命脉,使之旱涝无度,风沙弥漫,灾害不断,缺乏生气。这样的教训已经不少,我们应该记取。

第三,吐故纳新,有机循环。"吐故纳新"为中国古代一种养生之法,意为吐出浊气,吸进清气,促进机体健康。《庄子·刻意》篇说:"吹呴呼吸,吐故纳新,熊经鸟申,为寿而已矣。"说明吐故纳新可以促进人体的健康而长寿。同样,在城市建设与管理中,一个健康的充满生命活力的城市也应该是能吐故纳新的。这在现代生态学中就是有机循环理论,只有做到有机循环,才能保持城市的生命健康。20世纪70年代以来,西方以英国科学家詹姆斯·拉夫洛克为代表提出著名的"盖亚定则",将地球比喻为大地女神盖亚,是一个有生命的机体。这种理论又称作"地球生理学",说明地球通过大地植被接受阳光进行光合活动,产生养分哺育万物,当然也要排除废物,保持健康。因此,他得出的结论是,由于环境污染的加剧,地球母亲生病了,不健康了。这其实也是受到东方有机论思想影响的结果。因此,"吐故纳新,有机循环"应该成为"有机生成论"城市美学的组成部分。我们的城市要有充分的足以养育市民的干净的粮食、蔬菜与水,这就是所谓"源"。同时,也应该有足以快速治理和排出废物的治污与排污能力,这就是所谓"汇"。"源"与"汇"是城市有机生命的体现。目前,我们的不少城市由于急剧膨胀,在"源"与"汇",两个方面准备不够。从"源"来讲,主要是缺乏足够的、能够经得起灾害考验的洁净的水;从"汇"来讲,则缺乏足够的治污与排污能力。不少城市甚至连必要的下水道都不具备,一下雨就造成严重内涝。法国作家雨果曾经说过,下水道是城市的良心,这是非常到位的判断。总之,我们的许多城市难以做到良好的"吐故纳新,有机循环",因而,可以说,我们的一些城市是生病了,不太健康了。一个生病的,不健康的城市,怎么使其市民得到审美的生存呢? 从审美的体验来说,难以呼吸到清新的空气,闻到芬芳的香味,喝到洁净的清水,接触到舒爽的环境,他怎么可能有美感呢? 遵循"吐故纳新,有机循环"的原则,让我们的城市健康起来,使我们得到审美的生存。

第四,个性突出,鲜活灵动。城市作为有机的生命体都应该是个性鲜明的,灵动活泼的。从地理位置来说,不同的城市都有自己独特的地理位置,独特的山水特色;从历史文化来讲,每一个城市都有自己独特的文化历史,优秀的文化传承。无论是北国的冰雪之城,京师之城,滨海之城,泉水之城;南方的六朝古都,国际都会,五羊之城,天堂之城等等,无不各具鲜明的个性,灵动鲜活。但目前却并没有将这种特色充分发挥出来,有千城一面之弊。不仅没有很好重视城市的区位地理特点,甚至城市宝贵的文化传承也在大规模的城市建设中被夷为平地。照此发展,我国的宝贵文化遗产将很快消亡,问题的严重已经不允许有片刻等待。

第五,人文生态,社会和谐在这里,主要论述当代城市美学的文化维度。城市毕竟是人的聚集之地,有人群必然有文化问题,一个健康的有生命力的城市必然要做到"人文生态,社会和谐"。索亚在《第三空间》一书中说道:"引导我们洛杉矶和其他真实——和——想象地方之旅的实践,系围绕解决一系列问题组织起来,诸如种族、阶级、性别问题,以及其他经常与此紧密关联的人类不平等和压迫形式,特别是全球经济和政治重建和与此紧密相关都市生活和社会后现代化带来或加深的那些有关问题。"①

的确，城市建设的有机性与生命力的确还特别应该体现在人文生态方面，不能重蹈拉美某些城市，以及索亚所举洛杉矶所存在的严重两极分化、城市社会问题严重的覆辙。要处理好目前存在的城乡二元结构与贫富两极分化问题，当然，还有种族、宗教、年龄、职业与文化差异等一系列文化问题，也包括实际存在的社会公正问题等等，逐步做到人与人以及人与社会的和谐。这样的城市才是真正有机的并有生命活力的。

我们论述了"有机生成论"城市美学的五个方面的原则，最后还是要回到美学上来，就是有机性、生成性、生命力、个性化与和谐性，导致城市及其居住者充满生命活力。这就是东方特色的"有机生成论"的城市之美。这种城市美学属于生态美学的必然组成部分，是生态美学的实践领域。只有按照以上原则实行才能真正做到城市成为我们的"家园"，我们才能真正做到"诗意地栖居"，"城市，使生活更美好"也才能成为现实。

---

① [美]爱德华·索亚：《第三空间》，上海教育出版社2005年版，第28页。

生态美学视域中的迟子建小说^①

迟子建的长篇小说《额尔古纳河右岸》（以下简称《右岸》）是一篇以鄂温克族人生活为题材的史诗性的优秀小说，获得第七届茅盾文学奖。这部小说的成就是多方面的，但我非常惊喜地发现，它是一部在我国当代文学领域十分少有的优秀生态文学作品。作者以其丰厚的生活积淀与多姿多彩的艺术手法，展现了当代人类"回望家园"的重要主题，揭示了茫然失其所在的当代人对于"诗意地栖居"的向往。这部小说以其成功的创作实践为我国当代生态美学与生态文学建设做出了特殊的贡献。

我国早在殷商时代的甲骨文中就有"家"字，有"人之所居也""与宗通，先王之宗庙"^②等义。这说明，"家园"是我们的居住之地，是我们祖先的安息之地，是我们的根之所在。从微观上讲，"家园"是我们每个人诞育与生活的"场所"；从宏观上讲，"家园"就是人类赖以生存的大自然。但是，在现代隆隆的工业化与城市化的进程中，我们的"家园"已经伤痕累累，甚至失其所在。因此，在当代的历史视域中，"回望家园"成为文学艺术与人文学科的非常重要的主题。哲人海德格尔在著名的《荷尔德林诗的阐释》中

---

① 原载《文学评论》2010 年第 2 期。
② 徐中舒：《甲骨文字典》，四川辞书出版社 2003 年版，第 799 页。

有一篇阐释德国诗人荷尔德林《返乡——致亲人》的专文,指出:所谓"返乡"就是寻找"最本己的东西和最美好的东西"①。这种"回望"或"寻找",其实就是一种怀念,更是一种批判与反思。正如审美人类学家所说,"对以往文明的研究实际上都曲折地反映了对现实的思考、批判和否定"。② 迟子建在《右岸》中恰恰是通过对鄂温克族人百年兴衰史的"回望",表达了自己对人类前途命运的深沉的诗性情怀以及对于现实的生活的深刻反思。

(一)"回望"的独特视角

众所周知,开始于 18 世纪的现代化与工业化给人类带来了福音,但也同时带来了灾难,这恰是美与非美的二律背反。一方面,人类的生活状况大幅度地改善,享受到现代文明;另一方面,自然的破坏、精神的紧张与传统道德的下滑,给人类带来了一系列灾难。人类赖以生存的物质的与精神的"家园"几乎变得面目全非,人类面临失去"家园"的危险。正如海德格尔所说:"在畏中人觉得'茫然失其所在'。此在所缘而现身于畏的东西所特有的不确定性在这话里当下表达出来了:无与无何有之乡。但茫然失其所在在这里同时是指不在家。"又说:"无家可归是在世的基本方式。"③正是在"无家可归"成为人类在世的基本方式的情况下,

---

①[德]马丁·海德格尔:《荷尔德林诗的阐释》,孙周兴译,商务印书馆 2000
　年版,第 42 页。
②王杰:《审美幻象与审美人类学》,广西师范大学出版社 2002 年版,第
　192 页。
③[德]马丁·海德格尔:《存在与时间》,陈嘉映、王庆节译,生活·读书·新
　知三联书店 1987 年版,第 228、331 页。

才产生了"回望家园"的反思性作品。早在20世纪中期的1962年,就有一位著名的美国生态作家,同样也是女性的蕾切尔·卡逊写作了具有里程碑意义的以反思农药灾难为题材的生态文学作品——《寂静的春天》,起到振聋发聩的巨大作用。今天,迟子建的《右岸》以反思游猎民族鄂温克族丧失其生存家园而不得不搬迁定居为其题材。作者在小说的《跋》里写道,触发她写作该书的原因是她作为大兴安岭的子女早就有感于持续30年的对茫茫原始森林的滥伐,造成了严重的原始森林老化与退化的现象。首先受害的是作为山林游猎民族的鄂温克族人。她说:"受害最大的,是生活在山林中的游猎民族。具体点说,就是那支被我们称为最后一个游猎民族的、以放养驯鹿为生的敖鲁古雅的鄂温克人。"其直接的机缘是作者接到一位友人有关鄂温克族女画家柳芭走出森林又回到森林,最后葬身河流的消息,以及作者在澳大利亚关于爱尔兰少数族裔和人类精神失落的种种见闻,使其深深地感受到原来"茫然失其所在"是当今人类的共同感受,具有某种普遍性。这才使作者下了写作这个重要题材的决心。她在深入到鄂温克族定居点根河市时,猎民的一批批回归山林更加坚定了她写作的决心。于是,作者开始了她的艰苦而细腻的创作历程。作者采取史诗式的笔法,以一个年纪90多岁的鄂温克族老奶奶、最后一位酋长的妻子的口吻,讲叙了额尔古纳河右岸敖鲁古雅鄂温克族百年来波浪起伏的历史。这种讲叙始终以对鄂温克族人生存本源性的追溯为其主线,以大森林的儿子特有的人性的巨大包容和温暖为其基调。整个的讲叙分上、中、下与尾四个部分,恰好概括了整个民族由兴到衰,再到明天的希望的整个过程。正如讲叙者的丈夫、最后一位酋长瓦罗加在那个温暖的夜晚所唱:"清晨的露珠温眼睛,正午的阳光晒脊梁,黄昏的鹿铃最清凉,夜晚的小鸟要归林。"这里寓意着整个民族在清晨的温暖中诞育，在中午的炙热与黄昏的清凉中发展生存，在夜晚的月亮中期盼的历程。每一个历程都寄寓着民族的生存之根基。在清晨的讲叙中，鄂温克老奶奶讲叙了该民族的发源及其自然根基。据传，鄂温克族发源于拉穆湖，也就是贝加尔湖。但 300 年前，俄军的侵略使得他们的祖先被迫从雅库特州的勒那河迁徙到额尔古纳河右岸，从 12 个氏族，减缩到 6 个氏族，从此，额尔古纳河就成为鄂温克族的生活栖息之所。她说："可我们是离不开这条河流的，我们一直以它为中心，在它众多的支流旁生活。如果说这条河流是掌心的话，那么它的支流就是展开的五指，它们伸向不同的方向，像一道又一道的闪电，照亮了我们的生活。"在这里，讲叙者道出了额尔古纳河与鄂温克族繁衍生息的紧密关系，它是整个民族的中心，世世代代以来照亮了他们的生活。

额尔古纳河周边的大山——小兴安岭也是鄂温克族的滋养之地。讲叙人说道："在我眼中，额尔古纳河右岸的每一座山，都是闪烁在大地上的一颗颗星星。这些星星在春夏季节是绿色的，秋天是金黄色的，而到了冬天则是银白色的。我爱它们。它们跟人一样，也有自己的性格和体态。——山上的树，在我眼里就是一团连着一团的血肉。"就是这个有着"连着一团一团血肉"的大山，成为鄂温克族人的生存与生命之地。鄂温克族人是驯鹿的民族，驯鹿为他们提供了鹿奶、皮毛、鹿茸，并且是很好的运载与狩猎的帮手。驯鹿则是小兴安岭的特有驯养动物，因为那里森林茂密，长有被称作"恩克"和"拉沃可达"的苔藓和石蕊，为驯鹿提供了丰富的食物。因此，讲叙人说道："驯鹿一定是神赐给我们的，没有它们，就没有我们。……看不到它们的眼睛，就像白天看不到太阳，夜晚看不到星星一样，会让人心底发出叹息的。"就在额尔古纳河的周围山上，还安葬着鄂温克人的祖先。讲叙人生动地讲叙了他的父亲、母亲、丈夫、伯父和侄子的不凡的生命历程及安息之所。先是她的父亲林克为了下山换取强健的驯鹿而在雷雨中被雷击而死，被风葬在高高的松树之上；母亲达玛拉则是在丧夫和爱情失败后痛苦地在舞蹈中死去，被风葬在白桦树之上；讲叙人的两个丈夫，一个冻死于寻找驯鹿的途中，一个死于为营救别人与熊搏斗的过程中，也都进行了风葬，安息在山林之中；伯父尼都萨满为了战胜日本人在作法中力尽而亡；她的侄子果格力是因为他的妈妈妮浩萨满为了救治汉人何宝林生病的孩子而必须向上天献出了自己的孩子而死去。这些亲人最后都回归自然，安息在崇山峻岭之中，有星星、月亮、银河与之做伴。妮浩在一首葬歌中唱道："灵魂去了远方的人啊，你不要惧怕黑夜，这里有一团火光，为你的行程照亮。灵魂去了远方的人啊，你不要再惦念你的亲人，那里有星星、银河、云朵和月亮，为你的到来而歌唱。"这里所说的"风葬"是鄂温克人特有的丧葬方式，就是选择四棵直角相对的大树，又砍一些木杆，担在枝桠上，为逝者搭建一张铺，然后将逝者用白布包裹，抬到那张铺上，头北脚南，再覆盖上树枝，放上陪葬品，并由萨满举行仪式，为逝者送行。这种风葬实际上说明，鄂温克族人来自自然又回归自然的生存方式，他们是大自然的儿子。

　　额尔古钠河与小兴安岭还见证了鄂温克族人的情爱与事业。讲叙人讲叙了自己的父辈以及子孙一代又一代在这美丽的山水中发生的生死情爱。她的父亲与伯父同时爱上了最美丽最爱跳舞的鄂温克姑娘达玛拉，但最后伯父尼都萨满在通过射箭比赛来决定谁当新郎的过程中输给了林克，实际是让出了自己的爱情。于是，达玛拉与林克第二年成亲，达玛拉的父亲送给她的结婚礼物是一团对于游猎部族十分重要的"火种"，而这个"火种"，她又在自己的儿子结婚时作为礼物送给了他。林克结婚时，尼满划破了自己的手指并成为了部族的萨满。林克死后，尼满对达玛拉的爱情再次复苏，他用攒了两年的山鸡羽毛编织了一件最美丽的裙子。这条裙子是尼满经过两年时间收集山鸡羽毛精心编织而成，完全是额尔古纳河及其周围群山的美丽形象，光彩夺目。讲叙人描叙道："这裙子自上而下看来也就仿佛由三部分组成了：上部是灰色的河流，中部是绿色的森林，下部是蓝色的天空。"当达玛拉收到这珍贵的礼物时真是高兴极了，充满着惊异、欢喜和感激，说这是她见过的世上最漂亮的裙子。但他们的爱情却因世俗的不允许寡妇再嫁大伯哥的习俗而宣告失败，达玛拉终于悲痛地辞世，尼满也匆匆结束了自己的生命。在达玛拉的葬礼仪式上，尼满的葬歌凄婉哀绝，表达了鄂温克人对爱情的坚贞无私，愿意为她趟过传说中的"血河"进入美好的另一个世界而接受任何惩罚。歌中唱道："滔滔血河啊，请你架起桥来吧，走到你面前的，是一个善良的女人。如果她脚上沾有鲜血，那么她踏着的是自己的鲜血，如果她心底存有泪水，那么她收留的，也是自己的泪水。如果你们不喜欢一个女人，脚上的鲜血，和心底的泪水，而为她竖起一块石头的话，也请你们让她，平安地跳过去。你们要怪罪，就怪罪我吧。只要让她到达幸福的彼岸，哪怕将来让我融化在血河中，我也不会呜咽！"由此可见，鄂温克族人真正是大自然的儿女，大自然见证了他们的爱情，他们爱情的信物与礼物也完全来自自然。鄂温克族人已经将自己完全融化在周围的山山水水之中，他们的生命与血肉已经与大自然融为一体。

额尔古纳河与小兴安岭已经成为他们生命与生存的须臾难离的部分。伊莲娜是鄂温克族人第一个接受了高等教育的青年，成为著名的画家并在城市有了体面的工作，但她终究辞去了工作，回到额尔古纳河畔的故乡。因为，"她厌倦了工作，厌倦了城市，厌倦了男人。她说她已经彻底领悟了，让人不厌倦的只有驯鹿、树木、月亮和清风"。她试图画出鄂温克人百年的风雨历史，她整整画了两年，才完稿。但最后却永远地安眠在故乡额尔古纳河的支流贝尔茨河之中。经过 30 年的愈来愈大规模的开发，鄂温克族人的生存环境已经遭到严重破坏，生活在山上的猎民不足 200 人了，驯鹿也只有六七百只了，于是决定迁到山下定居。在动员定居时，有人说道，猎民与驯鹿下山也是对森林的保护，驯鹿游走时会破坏植被，使生态失去平衡。再说，现在对动物要实施保护，不能再打猎了。一个放下猎枪的民族才是一个文明的民族，有前途的民族等等。讲叙人在内心回应道："我们和我们的驯鹿，从来都是亲吻着森林的。我们与数以万计的伐木人比起来，就是轻轻掠过水面的几只蜻蜓。如果森林之河遭受了污染，怎么可能是几只蜻蜓掠过的缘故呢？"讲叙人讲道，驯鹿本来就是大森林的子女，它们吃东西时非常爱惜山林，从草地上走过是一边行走一边轻轻地啃着青草，所以，草地总是毫发未损的样子，该绿的还是绿的。它们吃桦树和柳树的叶子，也是啃几口就离开，那树依然枝叶茂盛。驯鹿怎么会破坏植被呢？至于鄂温克族人，也是森林之子。他们狩猎不杀幼崽，保护小的水狗；烧火只烧干枯的树枝、被雷电击中失去生命力的树木、被狂风刮倒的树木，使用这些"风倒木"，而不像伐木工人使用那些活得好好的树木，将这些树木大块大块地砍伐烧掉。他们每搬迁一个地方总要把挖火塘和建希楞柱时戳出的坑用土添平，再把垃圾清理在一起深埋，让这样的地方不会因他们住过而长出疤痕，散发出垃圾的臭气。他们保持着对自然的敬畏，即便猎到大型野兽也会在祭礼后食用，并有诸多禁忌。例如,鄂温克族人崇拜熊,因此,吃熊肉的时候要像乌鸦似的"呀呀呀"地叫几声,想让熊的魂灵知道,不是人要吃它们的肉而是乌鸦要吃它们的肉。书中反复引用过鄂温克族人一首祭熊的歌:"熊祖母啊,你倒下了,就美美地睡吧,吃你的肉的,是那些黑色的乌鸦。我们把你的眼睛,虔诚地放在树间,就像摆放一盏神灯!"山林的开发使得鄂温克族人被迫离开了山林下山定居,但驯鹿不能没有山林中的苔藓,鄂温克族人不能没有山林,他们又带着驯鹿回到山林,但未来会怎样呢?在空旷的已经无人的营地乌力楞,只有讲叙人与她的孙子安草尔,但在月光中突然发现她们的白色小鹿木库莲回来了。她说:"我再看那只离我们越来越近的驯鹿时,觉得它就是掉在地上的那半轮淡白的月亮。我落泪了,因为我已经分不清天上人间了。"

小鹿回来了,像那半轮月亮,但明天会怎样呢?作品给我们留下了想象的空间,也给我们留下了思考的空间。让我们从鄂温克族最后一位酋长的妻子的讲叙中领悟到,额尔古纳河右岸与小兴安岭,那山山水水,已经成为鄂温克族人的血肉和筋骨,成为他们的生命与生存的本源。从文化人类学的角度考察,人类的生存与生命的本源就是大自然。我们如何对待自己的生命与生存之根与本源呢?在环境污染和破坏日益严重的今天,这已经不仅仅是一个鄂温克族的命运问题,而其实是整个人类的命运问题。

(二)"回望"的独特场域

"家园"是与人的生存与生命紧密相连的"世界",而"场所"则是作为具体的人生活的"地方",生态文学和环境文学的重要特点就是将"场所"作为自己的特殊"视域"。美国环境美学家阿诺德·伯林特在《环境美学》一书中指出,所谓"场所","这是我们熟悉的地方,这是与我们自己有关的场所,这里的街道和建筑通过习惯性的联想统一起来,它们很容易被识别,能带给人愉快的体验,人们对它的记忆中充满了情感。如果我们的邻近地区获得同一性并让我们感到具有个性温馨,它就成为了我们归属其中的场所,并让我们感到自在与惬意"。① 环境文学家斯洛维克在《走出去思考》一书中进一步将"场所"界定为"本土",即是附近、此地及此时。②《额尔古纳河右岸》就满含深情地描写了额尔古纳河右岸这个鄂温克族人生活栖息的特定"场所"。按照海德格尔对场所的阐释,"这种场所的先行揭示是由因缘整体性参与规定的,而上手的东西之为照面的东西就是向着这个因缘整体性开放出来的"。③ 也就是说,"因缘整体性"与"上手"成为"场所"的两个基本要素。这就是说,人与世界构成因缘性的密不可分的整体,而世界万物又成为人的"上手之物"。当然,其中许多物品是"称手之物",是特定场所之人须臾难离之物。《右岸》就深情地描写了鄂温克族人与额尔古纳河右岸的山山水水的须臾难离的关系,以及由此决定的特殊生活方式,一草一木都与他们的血肉、生命与生存融在一起,具有某种特定的不可取代性。这是一种对于人类"家园"独特性的探询,意义深远。

先从鄂温克族的衣食住行来看其与特殊地域相联的特殊性。

---

① [美]阿诺德·伯林特:《环境美学》,张敏、周雨译,湖南科学技术出版社2006年版,第66页。

② [美]斯洛维克:《走出去思考》,韦清琦译,北京大学出版社2009年版,第183页。

③ [德]马丁·海德格尔:《存在与时间》,陈嘉映、王庆节译,生活·读书·新知三联书店1987年版,第129页。

他们是以皮毛为衣，而且主要是驯鹿的皮毛。他们所食主要是肉类，因为游猎成为他们基本的生存方式。小说的"清晨"部分具体地描写了林克带着两个孩子捕猎大型动物堪达罕的场面：他们乘坐着桦皮筏，在小河中滑行，然后在夜色中漫长地等待，以及林克机智勇敢地枪击堪达罕，将其毙命的过程。堪达罕的捕获给整个营地带来了快乐。大家都在晒肉条，"那暗红色的肉条，就像被风吹落的红百合花的花瓣"。当然，他们还食用驯鹿奶、灰鼠，并与汉族及俄国商人交换布匹、粮食与其他食品。他们还有一种特殊的食品储备仓库——"靠老宝"。这是留作本部族或者是其他部族以备不时之需的物品仓库。用四棵松树竖立为柱，做上底座与四框，苫上桦树皮，底部留下口，将闲置与富裕的物品存放在内。不仅本部落可取，别的部落的人也可去取。这就是鄂温克族人老人留下的两句话："你出门是不会带着自己的家的，外来的人也不会背着自己的锅走的"，"有烟火的屋子才有人进来，有枝的树才有鸟落"。这是由山林大雪与严寒等特殊条件决定的一种鄂温克族人的特殊生活方式，反映了这个山地民族的博大胸怀。讲叙人年轻时迷失森林就依靠这个"靠老宝"获得食物，并遇到了自己的丈夫。鄂温克族的居住也十分特殊。他们实行的是原始共产主义制度，由相近的家族组成一个"乌力楞"也就是部落。在每个乌力楞中实行的是原始共产主义生产与生活制度，按照男女老弱进行分工，并平分所得。他们所居住的是一家一户的住房"希楞柱"，也叫"仙人柱"，就是用二三十根落叶松杆，锯成两人高的样子，将一头削尖，尖头朝向天空，汇集一起，松木杆另一头戳地，均匀分开，好像无数条跳舞的腿，形成一个大圆圈，外面苫上挡风御寒的围子。讲叙人说道："我喜欢住在希楞柱里，它的尖顶处有一个小孔，自然而然形成了排烟的通道。我常常在夜晚时透过这个小孔看星星,从这里看到的星星只有不多的几颗,但它们异常明亮,就像在希楞柱顶上的油灯。"鄂温克族人出行的主要代步之物是驯鹿,但只是由妇女儿童和体弱者乘骑。为了驯鹿的食物等各种生存原因,他们过一段就要搬迁住处。讲叙人讲过一次搬迁的情况:"搬迁的时候,白色的玛鲁王走在最前面,其后是驮载火种的驯鹿,再接着是背负我们家当的驯鹿群。男人们和健壮的女人通常是跟着驯鹿群步行的,实在累了,才骑在它们身上。哈谢拿着斧子,走一段就在一棵大树上砍上树号。"鄂温克族人诞育孩子要专门搭建一个名叫"亚塔珠"的产房,生产时男人绝对不能进亚塔珠,女人进去会使自己的丈夫早死。因此,鄂温克女人生产一般都是自己在大自然中处理。但她们老了之后却能得到全部族的照顾,讲叙人已经90多岁,在大部分部族人要到定居点之时,她留了下来。于是,部族的人们将她的孙子安草尔留在她身边照顾她,并给她留下足够的驯鹿和食品,甚至怕她寂寞,有意留下两只灰鹤,让她能够看到美丽的飞禽,不至于眼睛难受,说明对于老人的孝敬。鄂温克族人生病是通过萨满跳神来治疗的,无须服药。死后,是实行风葬,葬在树上,随风而去,回归自然。以上说明,鄂温克族人有着自己具有独特性的衣食住行,生老病死。这是他们的生存方式,是他们具有特殊性的生活场所。在这样的场所中,他们有痛苦,但更多的是生存的自在与适应。书中在描写讲叙人当年与父亲一起捕猎堪达罕,静夜中乘船出发的情景时写道:"桦皮船吃水不深,轻极了,仿佛蜻蜓落在水面上,几乎没有什么响声,只是微微摇摆着。船悠悠走起来的时候,我觉得耳边有阵阵凉风掠过,非常舒服。在水中行进时看岸上的树木,个个都仿佛长了腿,在节节后退。好像河流是勇士,树木是溃败士兵。月亮周围没有一丝云,明净极了,让人担心没遮没拦的它会突然掉到地上。河流开始是笔直的，接着微微有些弯曲，随着弯曲度的加大，水流急了，河也宽了起来。"这真是一幅人与自然美好统一的图画。当然，大自然也会给鄂温克族人带来灾难，诸如"白灾""黄灾""瘟疫"与"狼祸"等。但这些毕竟是人的生存世界的有机组成部分，就拿狼祸来说，虽然是对鄂温克族人的危害，但狼却是与人紧密相连，不可避开的。这些现象对于鄂温克族人来说尽管不"称手"，但却"在手"，与人处于一种尽管是不好，但却是回避不了"因缘性关系"之中。正如讲叙人所说："在我们的生活中，狼就是朝我们袭来的一股寒流。可我们是消灭不了他们的，就像我们无法让冬天不来一样。"但总体上来说，额尔古纳河右岸这个无比美妙的自然环境，是鄂温克族人真正的故乡，是生养他们的家园。这里的山山水水，已经融入他们每个人的生命与血液之中。这里的自然对于他们的"不称手"只是暂时的，而更多的则是"称手"，是一种须臾难离的生活方式。一旦脱离了这种生活方式，脱离了这里的山水、驯鹿、乌力楞与希楞柱，就会茫然失其所在，出现难以适应的水土不服的状况。特别对于老人更是如此。正如讲叙人对于搬迁到定居点之事所说："我不愿意睡在看不到星星的屋里，我这辈子是伴着星星度过黑夜的。如果午夜梦醒时我望见的是漆黑的屋顶，我的眼睛会瞎的；我的驯鹿没有犯罪，我也不想看到它们蹬进'监狱'。听不到那流水一样的鹿铃声，我一定会耳聋的；我的腿脚习惯了坑坑洼洼的山路，如果让我每天走在城镇平坦的小路上，它们一定会疲软得再也负载不起我的身躯，使我成为一个瘫子；我一直呼吸着山野清新的空气，如果让我去闻布苏的汽车放出的那些'臭屁'，我一定就不会喘气了。我的身体是神灵给的，我要在山里，把它还给神灵。"这就是鄂温克族人特殊的"家园"，这个"场所"的独特性，甚至是不可代替性，是生态美学与生态文学的重要内涵。《右岸》非常形象并深情地表达了这一点。

（三）"回望"的独特美学特性

迟子建在《右岸》中以全新的生态审美观的视角进行艺术的描写，在她所构筑的鄂温克族人的生活中，人与自然不是二分对立的，"自然"不仅仅是人的认识对象，也不仅仅是什么"人化的自然""被模仿的自然""如画风景式的自然"，而是原生态的、与人构成统一体的存在论意义上的自然。正是在这种人与自然特有的"此在与世界"的存在论关系中，"存在者之真理自行置入作品"，从而呈现出一种特殊的生态存在之美。这里的"存在者"就是鄂温克族人，而所谓"真理"则指人之本真的人性，"自行置入"则指本真人性的逐步展开，由遮蔽走向澄明。

迟子建在《右岸》中所描写的这种"真理自行置入"的美，不是一种静态的物质的对称比例之美，也不是一种纯艺术之美，而是在人与自然关系中的，在"天人之际"中的生态存在之美，特殊的人性之美。迟子建在作品中所表现的这种美有两种形态，一种是阴性的安康之美。此时，人与自然处于和谐协调的状态，或是捕猎胜利后的满足，或是爱情收获后的婚礼等。《右岸》生动地描写的多个这样的欢乐场面，有些类似我国古代的"羊大为美"的境况。我们试举小说中所写驯鹿产羔丰产后的一个喜庆场景："这一年，我们在清澈见底的山涧旁，接生了二十头驯鹿。一般来说，一只母鹿只产一仔，但那一年却有四只母鹿每胎产下两仔，鹿仔都那么健壮，真让人喜笑颜开。那条无名的山涧流淌在黛绿的山谷间，我们把它命名为罗林斯基沟，以纪念那个对我们无比友善的俄国安达。它的水清凉而甘甜，不仅驯鹿爱喝，人也爱喝。"这时因驯鹿丰产，鄂温克族人喜笑颜开，山谷黛绿，清泉甘甜，众生安康的生存状况跃然纸上。这显然是一种风调雨顺，人畜兴旺，吉祥安康的幸福的生存状态，是一种阴性的安康之美，反映了"天人合一"，人性幸福的一面。

但大多数情况则是一种阳刚的壮烈之美，是一种特定的"生态崇高"。斯维洛克在《走出去思考》一书中介绍了当代美国环境文学中有关"崇高"的新的思考。在这里，"生态崇高"意味着"需有特定的自然体验来达到这种愉快的敬畏与死亡恐怖的非凡结合"。迟子建在《右岸》中大量地描写了这种"愉快的敬畏与死亡的恐怖的非凡结合"的崇高场景。主要有两个方面，一个方面是人与恶劣自然环境奋斗中的英勇抗争与无畏牺牲。前已说到的林克为调换健康驯鹿时在林中被雷击的悲凄场面，最具惊心动魄的是鄂温克族人达西与狼的拼死搏斗。达西是优秀的鄂温克族猎手，在一次寻找 3 只丢失的鹿仔的过程中，达西发现鹿仔被 3 只狼围困在山崖边，发着抖，非常危险。达西当时并没有带枪，只带着猎刀，但却只身与 3 只饿狼搏斗，虽然最终打死了老狼，但他的一条腿却被小狼咬断了，只好带着 3 只救下的鹿崽爬回营地，从此落下了残疾。他下定复仇的决心，专门驯养了一只猎鹰，随时准备与袭击部族的狼群拼死搏斗，保护部族利益。正好碰到瘟疫蔓延，野兽减少，驯鹿也减少了，人与狼群都处于生存困境之中。这时，狼群始终跟着部族，觊觎着驯鹿与人，试图袭击。就在狼群准备袭击之时，达西和他的猎鹰奋起还击，展开殊死搏斗，最后是人狼双亡，极为惨烈。请看《右岸》为我们展现的这种极为惨烈的搏斗场面：许多小白桦被生生地折断了，树枝上有斑斑点点的血迹；雪地间的蒿草也被踏平了，可以想见当时的搏斗多么惨烈。那片战场上横着四具骸骨,两具狼的,一具人的,还有一具是猎鹰的。……"我"和伊芙林在风葬地见到了达西,或者说是见到了一堆骨头。最大的是头盖骨,其次是一堆还附着粉红肉的粗细不同、长短不一的骨头,像是一堆干柴。……狼死了,他们也回不来了。这是人与自然环境"不称手"的典型表现。此时,人与恶劣的自然环境剧烈对抗,表现了人的顽强的生存信念与勇气。在这里,特别展现了达西维护部族利益,牺牲自我的人性光芒。作品呈现在我们面前的是以抗争的死亡与遍地骸骨的恐怖为其特点的瘆人画面,展现出鄂温克族人另一种生存精神的崇高之美。

《右岸》还非常突出地表现了人对于自然的敬畏,具有前现代的明显特色。这种敬畏又特别明显地表现在鄂温克族人所崇信的萨满教,及其极为壮烈的仪式之中。萨满教是一种原始宗教,是原始部落自然崇拜的表现。这种宗教里面的萨满即为巫,具有沟通天人的力量与法术,其表现是如醉如狂神秘诡谲的跳神。《右岸》绘声绘色地描写了两代萨满神秘而离奇的宗教仪式,特别是跳神。这当然是一种前现代状态下的迷信,但却表现了萨满在救人于危难中的牺牲精神,构成具有浓郁人性色彩的神秘离奇的崇高之美。作为叙述人伯父的尼都萨满是书中描绘的第一代萨满。他在宗教仪式中体现出来的崇高之美,集中地表现在为了对付日本入侵者而进行的那场不同寻常的跳神仪式之中。书中写道,第二次世界大战开始后,日本人占领了东北,一天日本占领军吉田带人到山上试图驯服鄂温克族人。他要求尼都萨满通过跳神治好他的脚伤,否则要求尼都萨满烧掉自己的法器与法衣,跪在地上向他求饶。这其实就意味着鄂温克族人的失败。在这样的关系部族前途命运的关键时刻,尼都萨满豪不犹豫地接受了挑战,而且说他要用舞蹈治好吉田的腿伤,但他要付出战马的生命,而且同样是用舞蹈让战马死去。他说:"我要让他知道,我是会带来一个黑夜的,但那个黑夜不是我的,而是他的!"黑夜来临后,尼都萨满开始了惊心动魄的跳神:"黑夜降临了,尼都萨满鼓起神鼓,开始跳舞了。……他时而仰天大笑着,时而低头沉吟。当他靠近火塘时,我看到他腰间吊着的烟口袋,那是母亲为他缝制的。他不像平常看上去那么老迈,他的腰奇迹般的直起来了,他使神鼓发出激越的鼓点,他的双足也是那么轻灵,我很难相信,一个人在舞蹈中会变成另外一种姿态。他看上去是那么的充满活力,就像我年幼时候看到的尼都萨满";"舞蹈停止的时候,吉田凑近火塘,把他的腿撩起,这时我们听到了他发出的怪叫声,因为他腿上的伤痕不见了,可如今它却凋零在尼都萨满制造的风中……吉田的那匹战马,已经倒在地上,没有一丝气息。……吉田抚摩着那匹死去的、身上没有一道伤痕的战马,冲尼都萨满叽里哇啦地大叫着。王录说,吉田说的是,神人,神人……尼都萨满咳嗽了几声,反身离开了我们。他的腰又佝偻起来了。他边走边扔着东西,先是鼓槌,然后是神鼓,接着是神衣、神裙。……当他的身体上已没有一件法器和神衣的时候,他倒在了地上"。这是一个为部族利益与民族大义在跳神中奉献了自己生命的鄂温克族萨满,他的牺牲自我的高大形象,他在跳神时那神秘、神奇的舞蹈及其难以想象的效果,制造出一种诡谲多奇的崇高之美。这就是所谓的"生态崇高"。我不由得想起小时候进庙时的那种难以言状的神秘神奇的感受,感到在这种种神奇神秘的力量面前,人的渺小,向恶的可怖与向善的必然。这种萨满教虽然是一种迷信,但却是主宰鄂温克族人精神世界的信仰,常常在他们心中唤起无限安宁与崇高。

　　继承尼都萨满的是他的侄儿媳妇妮浩萨满,她在成为新萨满时在全乌力楞的人面前表示,一定要用自己的生命和神赋予的能力保护自己的氏族,让氏族人口兴旺、驯鹿成群,狩猎年年丰收。她确实是这样做的,为了部族的安宁献出了自己 3 个孩子的生命。书中写到,部族成员马粪包被熊骨卡住嗓子,马上就要毙命。这时部族里的人将眼光投向了妮浩萨满,只有她能够救马粪包了,但妮浩颤抖着,悲哀地将头埋进丈夫的怀里,因为她知道如果救了马粪包,她就要献出自己的女儿。但她还是披上了法衣,跳起了神:"妮浩大约跳了两个小时后,希楞柱里忽然刮起了一股阴风,它呜呜叫着,像是寒冬时刻的北风。这时'柱'的顶撒下的光已不是白的了,是昏黄的了,看来太阳已经落山了。那股奇异的风开始时是四面弥漫的,后来它聚拢在一个地方呜叫,那就是马粪包的头上。我预感到那股风要吹出熊骨了。果然,当妮浩放下神鼓,停止了舞蹈的时侯,马粪包突然坐了起来,'啊——'地大叫一声,吐出了熊骨。……妮浩沉默了片刻后,唱起了神歌,她不是为起死回生的马粪包唱的,而是为她那朵过早凋谢的百合花——交库托坎唱的。"她的百合花——美丽的女儿永远地败落和凋零了,秋天还没有到,还有那么多美好的夏日,但却使自己的花瓣凋零了,落下了。一命换一命,这就是严酷的生活现实,也是妮浩作为萨满所付出的沉重代价。在神秘的法则面前,人又是多么渺小啊!这里所说的萨满跳神的奇效,可能是一种偶然,也可能是神秘宗教和信仰起到的一种心理暗示,但却向我们展示了游猎部族特有的由对自然的敬畏与无力所产生的特殊的崇高之感。因为在这种崇高中,包含着妮浩萨满的无畏的牺牲精神,所以放射出特有的人性光芒,而具有了美学的含义。动人心魄,感人至深!妮浩萨满的最后一次跳神是 1998 年年初春因两名林业工人吸烟乱扔烟头而引发的火灾。火势凶猛,烟雾腾腾,逃难的鸟儿都被熏成了灰黑色。额尔古纳河和小兴安岭要蒙受灾难了。妮浩已经年迈,但还是披上了神衣:"妮浩跳神的时候,空中浓烟滚滚,驯鹿群在额尔古纳河畔低头站着。鼓声激昂,可妮浩的双脚却不像过去那么灵活了,她跳着跳着,就会咳嗽一阵。本来她的腰就是弯的,一咳嗽就更弯了。神裙拖到了地上,沾满了灰层。……妮浩跳了一个小时后,空中开始出现阴云;又跳了一个小时,浓云密布;再一个小时过去后,闪电出现了。妮浩停止了舞蹈,她摇晃着走到额尔古纳河畔,提起那两只湿落落的啄木鸟,把它们挂到一棵茁壮的松树上。她刚做完这一切,雷声和闪电就交替出现,大雨倾盆而下。妮浩在雨中唱起了她生命中最后一支神歌。可她没有唱完那支歌,就倒在了雨水中——额尔古纳河啊,你流到银河去吧,干旱的人间……山火熄灭了,妮浩走了。她这一生,主持了很多葬礼,但她却不能为自己送别了。"在这里,作者为我们塑造了一个为额尔古纳河,也为鄂温克族人奉献了自己生命的最后一名鄂温克族萨满的悲壮的形象,充满着特殊的崇高之美。以这样的画面作为小说的结尾,就是以崇高之美作为小说的结尾,为作品抹上了浓浓的悲壮的色彩,将额尔古纳河右岸鄂温克族人充满人性的生存之美牢牢地镌刻在我们的心中。

"回望家园"是《右岸》的特殊视角,它给我们提供了一系列的深刻的启示,告诉我们在大踏步的现代化浪潮中,不断地回望家园是人类应有的态度。回望是一种眷恋,使我们永记地球母亲对于人类的养育;回望是一种反思,促使我们不断地反思自己的行为;回望也是一种矫正,不断地矫正我们对地球母亲的态度与行为。《右岸》的回望告诉我们,地球家园中存在着众多文明形态,众多的生存方式,这才使地球家园呈现出百花齐放,绚丽多姿的色彩。因此,保留文明的多样性也是一种地球家园生态平衡的需要，我们能否在兴建高速公路的同时适当保留那一条条特殊的"鄂温克小道"？同时，《右岸》也告诉我们，永远也不要忘记自己是大自然的儿子，也许大自然有时会是一个暴虐的家长，但我们作为子女的身份是永远无法改变的，我们只有依靠这样的父母才能生存的现实也是无法改变的，珍惜自然，爱护自然，就是珍惜爱护我们的父母，也是珍惜爱护我们人类自己。

试论生态审美教育^①

20 世纪后期以来,特别是联合国 1972 年人类环境会议之后,生态环境理论日渐发展,其中包括生态环境教育理论与实践的发展。生态审美教育就是生态环境教育的有机组成部分。由于生态审美教育具有极为重大的现实价值与意义,而且在自然观与审美观等一系列基本问题上有着重大突破,所以,倡导生态审美教育是当前美学学科的重要任务之一。

（一）

生态审美教育是用生态美学的观念教育广大人民,特别是年轻一代,使他们确立必要的生态审美素养,学会以审美的态度对待自然、关爱生命、保护地球。它是生态美学的重要组成部分,是生态美学这一理论形态得以发挥作用的重要渠道与途径。生态审美素养应该成为当代公民、特别是青年人最重要的文化素养之一,是从儿童时期就须养成的重要文化素质与行为习惯。

生态审美教育是 20 世纪 70 年代以来在国际上日渐勃兴的环境教育的重要组成部分,甚至可以说是环境教育的重要理论立

---

① 原载《中国地质大学学报》2011 年第 4 期。

场之一,审美的对待自然成为人类爱护环境的重要缘由。1970
年,国际保护自然与自然资源联合会议(IUCN)指出:所谓环境教
育,"其目的是发展一定的技能和态度。对理解和鉴别人类、文化
和生物物理环境之间的内在关系来说,这些技能和态度是必要的
手段。环境教育还促使人们对环境问题的行为准则做出决策"。
1972年,联合国在斯德哥尔摩人类环境会议上,正式把"环境教
育"的名称肯定下来。会议通过了著名的《联合国人类环境宣
言》,也称《斯德哥尔摩宣言》。《宣言》郑重宣布联合国人类环境
会议提出和总结的7个共同观点和26项共同原则。其中与生态
审美教育有关的主要是:"人是环境的产物,也是环境的塑造者";
"保护和改善人类环境,关系到各国人民的福利和经济发展";"人
类改变环境的能力,可为人民带来福利,否则会造成不可估量的
损失";"在发展中国家,首先要致力于发展,同时也必须保护和改
善环境";"为达到这个环境目标,要求每个公民、团体、机关、企业
都负起责任,共同创造未来的世界环境"。26条原则的第19条明
确提出了环境教育的要求:"考虑到社会的情况,对青年一代,包
括成年人有必要进行环境教育,以便扩大环境保护方面启蒙的基
础以及增强个人、企业和社会团体在他们进行的各种活动中保护
和改善环境的责任感。有必要为人们提出环境危害的劝告提供
大量的宣传工具,而且,为使人类在多方面都得到发展,也有必要
传播需保护和改善环境的教育性质的情报。"以上,已经对环境教
育的必要性、重要性与应该采取的措施做了比较全面的阐述与界
定,对我们开展生态审美教育具有指导意义。1975年,联合国正
式设立国际环境教育规划署。同年,联合国教科文组织发表了著
名的《贝尔格莱德宪章》,它根据环境教育的性质和目标,指出环
境教育是"进一步认识和关心经济、社会、政治和生态在城乡地区

的相互依赖性；为每一个人提供机会获得保护和促进环境的知识和价值观、态度、责任感和技能；创造个人、群体和整个社会环境行为的新模式"。由此可见，环境教育旨在确立人对环境的正确态度，建立正确的行为准则，并使每个人获得保护促进环境的知识、价值观、责任感和技能，以期建立新型的人与环境协调发展的模式，对自然生态环境的审美态度也成为当代人类与自然环境"亲和共生"的最重要、最基本的态度之一。

生态审美教育是每个公民享有环境与环境教育权的重要途径之一。1972 年，联合国人类环境会议确定每个人"享有自由、平等、舒适的生活条件，有在尊严和舒适的环境中生活的基本权利"。1975 年，《贝尔格莱德宪章》又规定："人人都有受环境教育的权利。"从"权利"的内涵来说，首先要有知情权，也就是首先知道自己有这个权利；其次就是了解权，也就是了解这种权利的内涵是什么。从了解权的角度，生态审美教育作用重大。"环境权"的付诸实施，让每个人都得以"审美的生存"和"诗意地栖居"，这才是"有尊严的生活"；"环境教育权"就是让每个人都了解环境教育中所必须包含的生态审美教育的重要内容。缺少生态审美教育的环境教育权是不完整的，或者说是有缺陷的环境教育。

环境教育与生态审美教育的提出是时代与现实的需要。从时代的角度来说，人类经历了原始社会时代、农业文明时代，以及以 1781 年瓦特发明蒸汽机为开端的工业文明时代。工业文明开始了人类现代化的进程，创造了无数的奇迹，但它的只顾开发利用不顾地球承载能力的发展模式造成了资源枯竭和环境污染的严重问题，向人类敲响了警钟。以 1972 年联合国人类环境会议为标志，人类社会开始超越工业文明，迈入新的后工业文明即生态文明的新时代。生态文明时代的到来意味着一系列经济、社会与文化制度与观念的重大变更,环境教育与生态审美教育由此应运而生。

从现实的情况来看,历经200多年的工业革命,地球的承载能力已经十分有限。据最近的一份《地球生命力报告》,人类攫取地球自然资源的速度是资源转换速度的1.5倍。如果人类继续以目前的速度开发土地和海洋,那么,到2030年,要想生产出足够的资源并吸收转换人类排泄的废物,则需要两个地球才够用。① 用两个地球供人类使用,这是不可能的。因此,唯一的出路就是走生态文明发展之路,人们不仅需改变自己的生活与生产方式,而且要首先改变自己的生活态度与文化立场,以审美的态度对待自然环境,珍爱地球。这就是生态审美教育提出的现实基础。

从中国的现实情况来看,生态环境保护特别重要。我国是人口众多的资源紧缺型国家,以占世界9％的土地养活世界22％的13亿人口;森林覆盖率不到14％,是世界人均的二分之一;水资源是世界人均的四分之一,北方的缺水情形更加严重。我国环境污染的严重性也是空前的,发达国家上百年工业化过程中分阶段出现的问题在我国近年已经集中出现。在这种情况下,我们必须立即改变我们的发展模式和文化态度,走环境友好型之路,以审美的态度对待自然。所以,生态审美教育在我国显得特别重要,它是生态文明时代每个公民所必须接受的教育,是实现我国生态现代化的必要条件。

---

① 《人类20年后或需两个地球才能生存》,载《泰晤士报》,《参考消息》2010年10月15日第7版。

(二)

　　生态审美教育最基本的立足点是当代生态存在论审美观的教育,即以马克思主义的唯物实践存在论为指导,从经济社会、哲学文化与美学艺术等不同基础之上,将生态美学有关生态存在论美学观、生态现象学方法、生态美学的研究对象、生态系统的观念、人的生态审美本性论,以及诗意栖居说、四方游戏说、家园意识、场所意识、参与美学、生态文艺学等范畴作为教育的基本内容。从生态审美教育的目的上来说,应该包含使广大公民、特别是青年一代能够确立欣赏自然的生态审美态度和诗意化栖居的生态审美意识。

　　生态审美教育的哲学基础是整体论生态观。众所周知,从工业革命以来,在思想观念中占统治地位的是"人类中心主义"生态观。生态文明新时代的到来,必然意味着"人类中心主义"的退场。在"人类中心主义"生态观的基础上,生态审美教育不可能走上健康之路。人类中心主义生态观的最大危害是,以人类,特别是人类的当下利益作为价值伦理判断与一切活动的唯一标准与目的,完全忽略了人与自然环境是一种须臾难离的关系,实行只顾开发不顾环境的政策,从而导致自然环境的严重破坏与人类的严重生存危机。最危险的是,他们不能从历史的角度看待人类中心主义生态观的必然退场。历史告诉我们,任何一种思想观念都是历史的,在历史中形成、发展并在历史中退场,不可能有永恒不变的思想观念。人类中心主义生态观是工业革命的产物。前现代在落后的经济社会发展的情况下,无论中西方都是一种与当时生产力相适应的自然膜拜论生态观。中国古代典籍《左传》告诉我们，"国之大事，在祀与戎"，说明在前现代祭天祈神，成为当时最重要的活动与生存方式。古希腊神话也渗透着自然膜拜论。只是从文艺复兴，特别是工业革命开始，人类中心主义生态观才逐步代替自然膜拜论生态观占据统治地位。文艺复兴时期是人性复苏时期，是以人道主义为旗帜反对宗教禁欲主义的重要时期，在人类历史上创造了辉煌的文化成就。但文艺复兴时期也是人类中心主义哲学观与生态观进一步发展完善时期。请看，莎士比亚在《哈姆雷特》中有关对人的歌颂的一段著名的独白："人是一件多么了不得的杰作！多么高贵的理性！多么伟大的力量！多么优秀的外表！多么文雅的举动！在行为上多么像一个天使！在智慧上多么像一个天神！宇宙的精华！万物的灵长！"工业革命时代由于科技与生产力的发展，人类中心主义得到极大发展。西方近代哲学的代表人物培根写出《新工具》一书，将作为实验科学的工具理性的作用推到极致，它不仅可以认识自然，而且能够支配自然。这就是培根的"知识就是力量"的重要内涵。德国古典哲学的开创者康德提出了著名的"人为自然界立法"的观点。康德认为："范畴是这样的概念，它们先天地把法则加诸现象和作为现象的自然界之上。"①以人类中心主义为标志之一的工业革命给人类文明带来了巨变，促进了人类社会的进步，但也因其片面性而造成恶劣的自然环境污染的后果，经济社会的发展已经难以为继。这就是 20 世纪 50 年代开始的人类中心主义生态观的逐步退出与整体论生态观的逐步出场。20 世纪 60 年代以来，由于"二战"对人类所造成的巨大破坏、环境灾难的加剧以及各种生态哲学的逐步产生发展等原因，进一步表明工具理性世界观以及

---

① 转引自赵敦华：《西方哲学简史》，北京大学出版社 2001 年版，第 273 页。

与之相应的人类中心主义生态观的极大局限,从而促使法国著名哲学家福柯于 1966 年在《词与物》一书中宣告工具理性主导的"人类中心主义"的哲学时代的结束,并将迎来一个新的哲学时代。福柯指出:"在我们今天,并且尼采仍然从远处表明了转折点,已被断言的,并不是上帝的不在场或死亡,而是人的终结。"①这里所谓"人的终结",就是"人类中心主义"的终结。他进一步阐述说:"我们易于认为:自从人发现自己并不处于创造的中心,并不处于空间的中间,甚至也许并非生命的顶端和最后阶段以来,人已从自身之中解放出来了:当然,人不再是世界王国的主人,人不再在存在的中心处进行统治……"②但我们可以明确地说,这是一个新的生态文明的时代以及与之相应的整体论生态观兴盛发展的新时代。它的产生其实是一场社会与哲学的革命。正如著名的"绿色和平哲学"所阐述的,"这个简单的字眼'生态学',却代表了一个革命性观念,与哥白尼天体革命一样,具有重大的突破意义。哥白尼告诉我们,地球并非宇宙中心;生态学同样告诉我们,人类也并非这一星球的中心。生态学还告诉我们,整个地球也是我们人体的一部分,我们必须像尊重自己一样,加以尊重"。③ 因此,整体论生态观是对传统哲学观与价值观基本范式的一种革命性的颠覆,因而引起巨大的震动。

从哲学观的角度看,整体论生态观是人与世界的一种"存在

①[法]米歇尔·福柯:《词与物》,莫伟民译,上海三联书店 2001 年版,第503 页。
②[法]米歇尔·福柯:《词与物》,莫伟民译,上海三联书店 2001 年版,第454 页。
③转引自冯沪祥:《人、自然与文化》,人民文学出版社 1996 年版,第 532 页。

论"的在世模式。众所周知,传统工业革命产生的"主体与客体"的"在世模式",必然产生人与世界(自然生态)对立的"人类中心主义",而存在论哲学所力主的却是"此在与世界"即"人在世界之中"的在世模式。在这种"在世模式"中,人与世界(自然生态)构成整体,须臾难离,是一种两者"共生"和"双赢"的关系。它与中国古代的"天人合一""和实生物,同则不继"(《国语·郑语》)的"和而不同"的"中和论"哲学观相互融通。从价值观的角度看,整体论生态观是对人与自然相对价值的承认与兼容,实际上是调和了"生态中心论"对自然生态绝对价值的坚持与"人类中心论"对人类绝对价值的坚持。从人文观来看,整体论生态观是人文主义在当代的新发展,是一种包含着生存维度的新的人文主义,即"生态人文主义"。

总之,整体论生态观坚持"万物并育而不相害,道并行而不相悖"(《礼记·中庸》)的原则,将"人类中心主义"与"生态中心主义"加以折中调和,建立起一种适合新的生态文明时代的有机统一与和谐共生的新的哲学观,成为新的生态美学与生态审美教育的哲学基础。

(三)

生态审美教育的手段是生态系统中的关系之美。众所周知,传统美育所凭借的手段是艺术,所以,美育常常被称为艺术教育。诚然,艺术作为人类文明的结晶在美育中起着十分重要的作用,但将美育仅仅归结为艺术教育又是非常不全面的,是由人类中心主义所导致的艺术中心主义的产物。因为,从人类中心主义的视角来看,凡是人类创造的东西都必然要高于天然的东西。正因此，黑格尔将他的《美学》称作"艺术哲学"。他的"美是理念的感性显现"的命题讲的就是艺术美，并将"自然美"排除在美学之外的，自然物只有在对人类生活有所"象征"时才存在某种"朦胧预感"之美。这样的美学与美育观念统治了美学与美育领域好几百年。直到1966年，才有一位美国美学家赫伯恩（Hepbum）写了一篇挑战这一传统观念的论文《当代美学及自然美的遗忘》，尖锐地批判了将美学等同于艺术哲学而遗忘了自然之美的错误倾向，起到振聋发聩的作用，催生了西方"环境美学"。由此说明，生态审美教育所凭借的手段主要不是艺术，而是生态系统中的关系之美。这种生态系统中的关系之美不是一种物质的或精神的实体之美。事实告诉我们，自然界根本不存在孤立抽象的实体的客观"自然美"与主观"自然美"。西文中的"自然"（Nature）"有独立于人之外的自然界"之意。它与中国古代的"道法自然"中的"自然"内涵是不同的，它主要讲的不是一种状态而是指物质世界。亚里士多德早就在其《物理学》中就论述了"自然"，他说："只要具有这种本源的事物（即因由于自身而存在）就具有自然。一切这样的事物都是实体。"①可见，西方历来是将"自然"看作是相异于人、独立于人之外甚至是与人对立的物质世界的。这就必然推导出自然之美就是这种独立于人之外的物质世界之美。但这种独立于人之外的物质世界之美，实际上在现实中是不存在的。因为，从生态存在论的视角来看，人与自然是一种"此在与世界"的关系，两者结为一体，须臾难离。而且，人与自然是一种特定的时间与空间中此时此刻的关系，构

---

① 《亚里士多德全集》第2卷，苗力田等译，中国人民大学出版社1991年版，第31页。

成一刻也不可分离的系统,从不存在相互对立的实体。正如美国生态哲学家阿诺德·伯林特所说,"自然之外并无一物",人与自然"两者的关系仍然只是共存而已"①。恩格斯对这种将人与自然割裂开来的观点进行了严厉的批判。他说:"那种把精神和物质、人类和自然、灵魂和肉对立起来的荒谬的、反自然的观点,也就愈不可能存在了。"②因此,在现实中,只存在人与自然紧密相连的自然系统,也只存在人与自然世界融为一体的生态系统之美。那就是利奥波德在《沙乡年鉴》中所说的"生物共同体的和谐、稳定和美丽"③。在这里,"生态"有家园、生命与环链之意,所以,生态系统的和谐、稳定、美丽就有家园与生命之美的内涵。但对于是否有实体性的"自然美",是一个在国际上普遍有争论的问题。就拿环境美学与自然美学的开创者赫伯恩来说,在他那篇著名的批判艺术中心论的文章《当代美学及自然美的遗忘》中仍然有"自然美"(Natural Beauty)这一以自然之美为实体美的表述。④

那么,在自然之美中,对象与主体到底是一个什么样的关系呢?如果从生态系统来看,他们各自有其作用。荒野哲学的提出者罗尔斯顿认为,自然对象的审美素质与主体的审美能力共同在自然生态审美中发挥着自己的作用。而从生态存在论哲学的角

---

① [美]阿诺德·伯林特:《环境美学》,周雨、张敏译,湖南科学技术出版社2006年版,第69页。

② 《马克思思格斯选集》第3卷,人民出版社1972年版,第518页。

③ [美]奥尔多·利奥波德:《沙乡年鉴》,侯文蕙译,吉林人民出版社1997年版,第213页。

④ [加]艾伦·卡尔松:《环境美学——自然、艺术与建筑的鉴赏》,杨平译,四川人民出版社2001年版,第17页。

度来看,自然对象与主体构成"此在与世界"共存并紧密相连的机缘性关系,人在"世界"之中生存,如果自然对象对于主体(人)是一种"称手"的关系,形成肯定性的情感评价,人处于一种自由的栖息状态,是一种审美的生存,那么人与自然对象就是一种审美的关系。对于自然之美中实体性美之消解以及生态系统之美能否成立,有学者认为,美学作为感性学,它的最重要的特点就是必须指涉具体对象,生态学强调的关系无法成为审美对象。这个问题是具有普遍性的。因为在传统的认识论美学之中,从主客二分的视角来看,审美主体面对的确实是单个的审美客体;但从生态存在论美学的视角来看,审美的境域则是"此在与世界"的关系,审美主体作为"此在"所面对的则是在"世界"之中的对象。"此在"以及这个在"世界"之中的对象,与世界之间是一种须臾难离的机缘性的关系,所以,这是一种关系性中的美,而不是一种"实体的美"。海德格尔对于这种"此在"在"世界"之中的情形进行了深刻的阐述。他认为,这种"在之中"有两种模式,一种是认识论模式的"一个在一个之中",另一种则是存在论的此在与世界的机缘性关系的"在之中",这是一种依寓与逗留。他说:"'在之中'不意味着现成的东西在空间上'一个在一个之中';就源始的意义而论,'之中'也根本不意味着上述方式的空间关系。'之中'('in')源自 innan-,居住,habitare,逗留。'an'('于')于意味着:我已住下,我熟悉、我习惯、我照料。"①这说明,生态美学视野中的自然审美中"此在"所面对的不是孤立的实体,而是处于机缘性与关系性中的审美对象。所以,阿多诺认为:"若想把自然美确定为一个

①[德]马丁·海德格尔:《存在与时间》,陈嘉映、王庆节译,生活·读书·新知三联书店1987年版,第67页。

恒定的概念,其结果将是相当荒谬可笑的。"①

由上述可知,生态审美教育所凭借的主要手段不是艺术美,而是生态系统中的关系之美。这种"关系之美",既不是物质性的,也不是精神性的实体之美,而是人与自然生态在相互关联之时,在特定的空间与时间中的"诗意栖居"的"家园"之感。

(四)

生态审美教育所凭借的主要审美范畴是"共生性""家园意识"与"诗意地栖居"等。这些范畴是全新的,不同于传统美学的"比例、对称与和谐"的审美观念,而是一系列与人的美好生存密切相关的美学范畴,通过生态美育使人们牢牢树立这些审美观念。

第一,"共生性"。这是一个主要来自中国古代的生态美学范畴,意指人与自然生态相互促进,共生共荣,共同健康,共同旺盛。这就是所谓的"和实生物,同则不继"。这是中国古代"同姓不蕃"思想的延续,也是对中国传统"生命论"哲学的深入阐发。《周易》曰:"生生之谓易"(《周易·系辞上》)、"天地大德曰生"(《周易·系辞下》)、"乾,元亨利贞"(《周易·乾》)。这就告诉我们,在中国古人看来,"生命"是人类所得到的最大利益,"元亨利贞"之美好生存正是生命健旺之呈现。这是中国古代传统的美学形态,古典的生态审美智慧。这种"共生性"的美学内涵引起西方哲学家的关注,是20世纪30年代以后资本主义工业时代引起环境问题日

---

① [德]西奥多·阿多诺:《美学原理》,王柯平译,四川人民出版社1998年版,第125页。

渐突出之时。1934 年，杜威在《艺术即经验》的演讲中提到，人作为有机体的生命只有在与环境的分裂与冲突中才能获得一种审美的巅峰经验。1937 年，怀特海在论述自己的"过程哲学"时说到，应该"将生命与自然融合起来"。1949 年，生态理论家利奥波德在著名的《沙乡年鉴》中提出"土地伦理学"与"土地健康"的重要命题，描述了一个人依赖于万物、依赖大地的"生命的金字塔"。20 世纪 90 年代，加拿大著名环境美学家卡尔松更加明确地将生命力的表现看作是深层次的美，而将形式的外在的因素说成是"浅层次"的美。毫无疑问，这种"共生性"包含着东方的"有机性"思维，一种有机生成的、充满蓬勃生命力的活性思维。这种"共生的""有机生成"的思维成为生态美学的一个重要维度，成为生态审美教育必须要确立的一种审美观念。与之相反的，就是冰冷死寂而呆板僵化的"无机性"，这是"舍和取同"，是一种非美的属性。用这样的"共生性"视角审视我们周围的建设工程，那一种与"有机生成性""人与自然性共生论""蓬勃的生命力"相悖的所谓"工程"不都是非美的吗？为此，我们要在"共生性"美学观念基础上重建我们城市美学以及整个美学学科。

第二，家园意识。这是我们在生态审美教育中需要树立的另一个极为重要的生态美学观念。在现代社会中，由于自然环境的破坏和精神焦虑的加剧，人们普遍产生了一种失去家园的茫然之感。当代生态审美观中作为生态美学重要内涵的"家园意识"，是在这种危机下提出的。"家园意识"不仅包含着人与自然生态的关系，而且蕴涵着更为深刻的、本真的、人之"诗意地栖居"的存在之意。"家园意识"集中体现了当代生态美学作为生态存在论美学的理论特点，反映了生态美学不同于传统美学的根本之点，成为当代生态美学的核心范畴之一。它已经基本舍弃了传统美学之中作为认识和反映的外在的形式之美的内涵,而将人的生存状况放到最重要位置。它不同于传统美学立足于人与自然的对立的认识论关系,而是建立在人与自然协调统一的生存论关系之上,人不是在自然之外,而是在自然之内,自然是人类之家,而人则是自然的一员。"家园意识"植根于中外美学的深处,从古今中外优秀美学资源中广泛吸取营养。首先我们要谈的就是海德格尔存在论哲学与美学中的"家园意识"。因为,海德格尔最早明确地提出哲学与美学中的"家园意识"。在一定意义上,这种"家园意识"就是其存在论哲学的有机组成部分。在海氏的存在论哲学中,"此在与世界"的在世关系,就包含着"人在家中"这一浓郁的"家园意识"。人与包括自然生态在内的世界万物是密不可分交融为一体的。当代西方生态与环境理论中也有着丰富的"家园意识"。1972 年,为筹备联合国《人类环境宣言》和人类环境会议,由58 个国家的 70 多名科学家和知识界知名人士组成了大型顾问委员会,负责向大会提供详细的书面材料。同年,受斯德哥尔摩联合国第一次人类环境会议秘书长莫里斯·斯特朗的委托,经济学家芭芭拉·沃德与生物学家勒内·杜博斯撰写了《只有一个地球——对一个小小行星的关怀和维护》,他们在该书《前言》中明确地提出"地球是人类唯一的家园"的重要观点。报告指出:"我们已进入了人类进化的全球性阶段,每个人显然地有两个国家,一个是自己的祖国,另一个是地球这颗行星。"①在全球化时代,每个人都有作为其文化根基的祖国家园,同时又有作为生存根基

① [美]芭芭拉·沃德、勒内·杜博斯:《只有一个地球——对一个小小行星的关怀和维护》,《国外公害丛书》编委会译校,吉林人民出版社 1997 年版,《前言》第 17 页。

的地球家园。在该书的最后，作者更加明确地指出："在这个太空中，只有一个地球在独自养育着全部生命体系。地球的整个体系由一个巨大的能量来赋予活力。这种能量通过最精密的调节而供给了人类。尽管地球是不易控制的、捉摸不定的，也是难以预测的，但是它最大限度地滋养着、激发着和丰富着万物。这个地球难道不是我们人世间的宝贵家园吗？难道它不值得我们热爱吗？难道人类的全部才智、勇气和宽容不应当都倾注给它，来使它免于退化和破坏吗？我们难道不明白，只有这样，人类自身才能继续生存下去吗？"①1978年，美国学者威廉·鲁克尔特（William Rueckert）在《文学与生态学》一文中首次提出"生态批评"与"生态诗学"的概念，明确提出了生态圈就是人类的家园的观点。英国著名历史学家阿诺德·汤因比于1973年在《人类和地球母亲》中指出，地球是我们拥有的——或好像曾拥有的——唯一可以居住的空间——人类的家园。进入21世纪以来，人类对自然生态环境问题愈来愈重视。环境哲学家霍尔姆斯·罗尔斯顿（Holmes Rdstonin）在《从美到责任：自然美学和环境伦理学》一文中，明确从美学的角度论述了"家园意识"的问题。他说："我们感觉到大地在我们脚下，天空在我们的头上，我们在地球的家里。"②

　　西方与中国古代有着十分深厚的"家园意识"的文化资源。

---

① [美]芭芭拉·沃德、勒内·杜博斯：《只有一个地球——对一个小小行星的关怀和维护》，《国外公害丛书》编委会译校，吉林人民出版社1997年版，第260页。

② [美]霍尔姆斯·罗尔斯顿Ⅲ：《从美到责任：自然美学和环境伦理学》，刘悦笛等译，重庆出版社2007年版，第167页。

所以，我们认为，"家园意识"具有文化的本源性。正是因为"家园意识"的本源性，所以它不仅具有极为重要的现代意义和价值，而且成为人类文学艺术千古以来的"母题"。例如，《荷马史诗》的《奥德修纪》《圣经》中有关"伊甸园"的描写，乃至现代的《鲁宾逊漂流记》等，无不包含着生态美学"家园意识"的内涵。中国作为农业古国，历代文化与文学作品贯穿着强烈的"家园意识"，这为当代生态美学与生态文学之"家园意识"的建设提供了极为宝贵的资源。从《诗经》开始就有大量的我国先民择地而居，选择有利于民族繁衍生息地的历史并保存了大量思乡、返乡的动人诗篇。

综上所述，"家园意识"在浅层次上有维护人类生存家园、保护环境之意。在当前环境污染不断加剧之时，它的提出就显得尤为迫切。据统计，在以"用过就扔"作为时尚的当前大众消费时代，全世界每年扔掉的瓶子、罐头盒、塑料纸箱、纸杯和塑料杯不下两万亿个，塑料袋更是不计其数，我们的家园日益成为"抛满垃圾的荒原"，人类的生存环境日益恶化。早在1975年，美国《幸福》杂志就曾刊登过菲律宾境内一处开发区的广告："为吸引像你们一样的公司，我们已经砍伐了山川，铲平了丛林，填平了沼泽，改造了江河，搬迁了乡镇，全都是为了你们和你们的商业在这里经营得更容易一些。"这只不过是包括中国在内的所有发展中国家因开发而导致环境严重破坏的一个缩影。珍惜并保护我们已经变得十分恶劣的生存家园，是当今人类的共同责任。如此，从深层次上看，"家园意识"更加意味着人的本真存在的回归与解放，即人要通过悬搁与超越之路，使心灵与精神回归到本真的存在与澄明之中。

第三，"诗意地栖居"。这是海德格尔在《追忆》一文中提出的,是海氏对于诗与诗人之本源的发问与回答,回答了长期以来普遍存在的问题:人是谁以及人将自己安居于何处? 艺术何为,诗人何为? ——诗与诗人的真谛是使人诗意地栖居于这片大地之上,在神祇(存在)与民众(现实生活)之间,面对茫茫黑暗中迷失存在的民众,将存在的意义传达给民众,使神性的光辉照耀平静而贫弱的现实,从而营造一个美好的精神家园。这是海氏所提出的最重要的生态美学观之一,是其存在论美学的另一种更加诗性化的表述,具有极为重要的价值与意义。长期以来,人们在审美中只讲愉悦、赏心悦目,最多讲到陶冶,但却极少有人从审美地生存、特别是"诗意地栖居"的角度来思考审美问题。"栖居"本身必然涉及到人与自然的亲和友好关系而成为生态美学观的重要范畴。这里需要特别说明的是,海氏的"诗意地栖居"在当时是有着明显的所指性的,那就是指向工业社会之中愈来愈严重的工具理性控制下的人的"技术的栖居"。在海氏所生活的 20 世纪前期,资本主义已经进入帝国主义时期,由于工业资本家对于利润的极大追求,对于通过技术获取剩余价值的迷信,因而滥伐自然、破坏资源、侵略弱国成为整个时代的弊病。海氏深深地感受到这一点,将其称作是技术对于人类的"促逼"与"暴力",是一种违背人性的"技术地栖居"。他试图通过审美之途将人类引向"诗意地栖居"。"诗意地栖居于大地",这样的美学观念与东方、特别是中国有着密切的渊源关系。中国古代所强调的不同与西方"和谐美"的"中和美"就是在天人、阴阳、乾坤相生相克之中所达到的社会、人生与生命吉祥安康的目的,这也正是"中和美"对于人"诗意栖居"的期许,也与海氏生态存在论美学有关人在"四方游戏"世界中得以诗意栖居的内涵相契合,并成为当代生态美学建设的重要资源。

（五）

生态审美教育的性质是人体各感官直接介入的"参与美学"的教育。传统的审美教育,在康德的静观的无功利美学思想的影响下,是一种与对象保持距离的"静观美学"的教育。但生态审美教育面对的是活生生的可见可感的自然生态环境,是人在世界之中,因此,它是一种人体各个感官直接介入的"参与美学"教育。

"参与美学"是由阿诺德·伯林特明确提出的。他说:"首先,无利害的美学理论对建筑来说是不够的,需要一种我所谓的参与的美学。"①又说:"美学与环境必须得在一个崭新的、拓展的意义上被思考。在艺术和环境两者当中,作为积极的参与者,我们不再与之分离而是融入其中。"②它突破了传统的、由康德所倡导的被长期尊崇的"静观美学",力求建立起一种完全不同的主体以及在其上所有感官积极参与的审美观念。这是美学学科上的突破与重建,具有重要的价值与意义。诚如伯林特自己所说:"如果把环境的审美体验作为标准,我们就会舍弃无利害的美学观而支持一种参与的美学模式。……审美参与不仅照亮了建筑和环境,它也可以被用于其他的艺术形式并获得显著的后果,不管是传统的还是当代的。"③加拿大的卡尔松进一步从美学学科的建设角度

---

① [美]阿诺德·伯林特:《环境美学》,周雨、张敏译,湖南科学技术出版社2006年版,第134页。

② [美]阿诺德·伯林特主编:《环境与艺术:环境美学的多维视角》,刘悦笛等译,重庆出版社2007年版,第9页。

③ [美]阿诺德·伯林特:《环境美学》,周雨、张敏译,湖南科学技术出版社2006年版,第142页。

对"参与美学"的价值作了评价。他说:"在将环境美学塑造成为一门学科的关键,便不仅仅只是关注于自然环境的审美欣赏,而更应关注我们周边整个世界的审美欣赏。"①上述论述,阐明了环境美学对于一般意义上的美学而言所具有的重要含义,这种普适意义被伯林特看作是"艺术研究途径的重建"②。

"参与美学"的提出,无疑是对传统无利害静观美学的一种突破,将长期被忽视的自然与环境的审美纳入美学领域,具有十分重要的意义:它不仅在审美对象上突破了艺术唯一或艺术显现的框框,而且在审美方式上也突破了主客二元对立的模式。这里要特别强调的是,"参与美学"将审美经验提到相当的高度,认为面对充满生命力和生气的自然,单纯的"静观"或"如画式"风景的审视都是不可能的,必须要借助所有感官的"参与"。诚如罗尔斯顿所说:"我们开始可能把森林想作可以俯视的风景。但是森林是需要进入的,不是用来看的。一个人是否能够在停靠路边时体验森林或从电视上体验森林,是十分令人怀疑的。森林冲击着我们的各种感官:视觉、听觉、嗅觉、触觉,甚至是味觉。视觉经验是关键的,但是没有哪个森林离开了松树和野玫瑰的气味还能够被充分地体验。"③从另一方面说,参与美学还奠定了生态美育重在实施的基本特点。生态审美教育作为教育的组成部分之一,本身就是具有极强的实践性品格。因为教育是社会的组织与行为,最后

①[加]艾伦·卡尔松:《自然与景观:环境美学论文集》,陈李波译,湖南科学技术出版社2006年版,第7页。

②[美]阿诺德·伯林特:《环境美学》,周雨、张敏译,湖南科学技术出版社2006年版,第155页。

③[美]霍尔姆斯·罗尔斯顿Ⅲ:《从美到责任:自然美学和环境伦理学》,刘悦笛等译,重庆出版社2007年版,第166页。

落实到人的培养上，它是一种社会组织，更是一种实施过程与成果。因此，生态审美教育的重在实施，本是其自身所应包含之义。更何况，生态审美教育是后现代（后工业文明时代）的一种理论形态。后现代的基本特点就是对工业文明的反思与超越，就是有很强的实践性。"反思"是一种对既往的分析与批判。需要清理与批判既往的审美教育中有关"人类中心""艺术中心""主客二分""静观美学"等一系列已经过时的哲学与艺术观念，还需要在此基础上清理既往的文学艺术作品，进行必要的"价值重估"。"超越"就意味着建设，建设新的理论形态，建设新的审美教育实践模式与路径等等。这一切都表明了生态审美教育重在实施的基本品格。实施本身是一种行动，需要组织与物质的保证，从国家层面开始，到学校，到家庭，到社会，都要将生态审美教育的实施放到应有的位置之上。

第 三 编

中国传统生态审美智慧

老庄道家古典生态存在论审美观新说

（参见第四卷《生态存在论美学论稿》第 191 页）

中国古代"天人合一"思想与当代生态文化建设

（参见第四卷《生态存在论美学论稿》第 226 页）

试论《诗经》中所蕴涵的古典生态存在论审美意识

（参见第四卷《生态存在论美学论稿》第 242 页）

试论《周易》"生生为易"之生态审美智慧

（参见第四卷《生态存在论美学论稿》第 210 页）

建设性后现代语境下的中国古代
生态审美智慧的重放光彩①

早在 1961 年,我国老一代美学家宗白华就在《漫话中国美学》一文中预言,中国美学工作者通过对极为丰富的古代艺术成就与艺术思想的研究,一定能使"中国的美学大放光彩"。② 但在当时的学术背景下,这只能成为老一代美学家的一种美好期许。而在 21 世纪后半叶的后现代时期,特别是在建设性后现代语境下,这一愿望却将可能成为现实。那就是中国古代美学的生态审美智慧在当前生态文明时代必将惠及当代,走向世界,得到国内外学术界有识之士的认可与重视。

一、建设性后现代与中国古代
生态审美智慧的衔接

中国古典美学是主客不分的以"天人合一,阴阳相生"为特征的中和论美学,所以,在工业革命时代二元对立工具理性思维的统治之下,西方理论界对于包括中国在内的东方美学是持否定态

---

①原载《学术研究》2012 年第 8 期。
②宗白华:《艺境》,北京大学出版社 1987 年版,第 275 页。

度的。最具代表性的,就是英国著名美学史家鲍桑葵的言论。他说,中国和日本的东方艺术"这种审美意识还没有达到上升为思辨理论的地步"。① 这样的评价,在工业革命的二元对立工具理性时期也许有些道理,中国古代美学的确难以与那时的二元对立的理性主义美学相容。但在 20 世纪后期开始的由工业文明到生态文明转型的后现代时期,特别是在建设性的后现代语境下,情况发生了根本的变化,以中国美学为代表的东方美学遇到了重放光彩的机遇。众所周知,"后现代"是 20 世纪 60 年代以后提出的概念或范式,其核心内涵是对现代性的反思与超越。但以"后现代"为标榜的学术流派自身比较复杂,就其内容而言大体包括"解构性"的后现代与"建设性"的后现代两种。解构性的后现代的代表人物是德里达,其理论以解构为重点,但也并不完全否认建设,是在"解构"的前提下保留某些"擦痕",并在"撒播"中包含某种能量和生长因素,但其主旨是对于强大的现代性的解构与破坏。而以大卫·雷·格里芬为代表的建设性的后现代则以怀特海的自然有机论过程哲学为指导,强调在对现代性的反思中的建设,包括对现代性的人与自然对立及人类中心主义的反思,走向生态整体主义。这种建设性的后现代的有机论及其生态观使之更易于同中国古代生命论哲学相衔接。

首先,建设性的后现代是对传统二元对立思维的突破,这就为中国古代生态审美智慧发挥作用开辟了道路。正如大卫·雷·格里芬所说:"后现代精神的第二个特征是它的有机主义(organism)。在这一点上,后现代精神同时超越了现代的二元论和

---

① [英]鲍桑葵:《美学史》,张今译,商务印书馆 1985 年版,"前言"第 2 页。

实利主义。"①正因为后现代对二元对立工具理性的突破以及对有机主义的强调，所以具有有机性的中国古代美学才真正寻找到自己应有的位置。

其次，与现代性全盘否定前现代文化不同，也相异于"解构"的后现代对传统的解构，建设性的后现代尊重，并适当吸收前现代的文化经验。正如格里芬所说："这种建设性的、修正的后现代主义是现代真理和价值观与前现代真理和价值观的创造性的结合。"②因为，人类社会是一条前后连续相接的发展长河，前现代的文化经验尽管具有明显的时代局限性，但仍然积累了人类漫长岁月的经验，是人类前行的宝贵资源。建设性的后现代对前现代文化经验的适当尊重与吸收，就为中国古代生态审美智慧受到重视并发挥作用提供了良机。

同时，建设性的后现代还对生态文化给予特别的重视，这就使中国古代生态审美智慧的价值得以彰显。建设性的后现代的"建设性"表现在许多方面，其中一个重要特征就是对生态文化特别重视。格里芬指出，建设性后现代思想是彻底的生态学的，因为它为生态运动所倡导的持久见解提供了哲学和意识形态方面的根据。这就使得中国古代生态审美智慧在当代具有了不可代替的重要价值。而且，建设性的后现代所提出的"生态论的存在观"与"世界的返魅"等重要理论观点，也为中国古代生态审美智慧在当代的改造与丰富提供了理论资源。

---

① [美]大卫·雷·格里芬编:《后现代精神》，王成兵译，中央编译出版社2011年版，第38页。

② [美]大卫·雷·格里芬编:《后现代精神》，王成兵译，中央编译出版社2011年版，第226页。

需要特别指出的是,建设性的后现代对包括中国在内的发展中的东方国家表现了前所未有的友好态度。格里芬在《后现代科学》一书的中文版序言中指出:"我的出发点是:中国可以通过了解西方世界所做的错事,避免现代化带来的破坏性影响。"①这是后现代理论家特有的对"欧洲中心主义"的突破,为中国古代生态审美智慧获得国际学术界的重视创造了条件,也为生态理论与生态美学领域的中西平等对话创造了良好的氛围。

二、中国古代天人合一的生态哲学

一个民族的哲学与美学是其特有的思维模式与民族精神的表现,是其特有的地理环境、经济社会的产物。众所周知,西方古代是一种主客二分的理性思维模式与偏向于具体物质形式之美的"和谐"之美,而中国古代则是一种"天人合一"的混沌的人文思维模式与天人相和、阴阳相生的"中和"之美与"生命"之美,实际上是古典形态的生态之美。这种中国特有的古典形态的生命与生态之美,在当今建设性后现代语境下理应进一步发掘并得到彰显。

中国大陆性自然地理环境、人与自然休戚与共以及以农为本的经济社会条件形成了特有的"天人合一"的哲学与思维模式。这就是来自中国古代原始社会的"易"的思想。《周易》形成于上古时期,历经中古乃至孔子时代,可以说它是中国古代的原始思维,是中华民族的文化原型与文化之根。所谓"《易》之兴也,其于

---

① [美]大卫·雷·格里芬编:《后现代科学》,马季方译,中央编译出版社1995年版,"中文版序言"第16页。

中古乎？作《易》者，其有忧患乎？"(《周易·系辞下》)这也是历来将《周易》作为六经之首的重要原因。《周易》以最简单的阳爻与阴爻符号及其关系反映自然、天象、伦理与人事的变化与规律。阳爻代表天与阳，阴爻代表地与阴，所谓"一阴一阳之谓道"(《周易·系辞上》)，表明《周易》的根本是"天人合一"与"阴阳相生"。这恰是中国古代人的基本思维模式。钱穆认为："中国人因为常偏于向内看的缘故，看人生和社会只是浑然整然的一体。这个浑然整然的一体之根本，大言之是自然、是天；小言之，则是各自的小我。'小我'与'大自然'混然一体，这便是中国人所谓的'天人合一'。"①《周易》包含的"天人合一"实际上就是一种古典形态的生态智慧。蒙培元曾说，中国哲学就是深层生态学。② 这是很有道理的。因为这种"天人合一"的思想首先包含的是一种人类对大自然的敬畏之情，将象征着天与地的"乾""坤"看作是包括人类在内的自然万物生长繁茂的根源，即所谓"大哉乾元，万物资始，乃统天"(《周易·乾·彖》)，"至哉坤元，万物资生，乃顺承天"(《周易·坤·彖》)。而从通俗的意义来讲，《周易》中的"乾"与"坤"分别代表着"父"与"母"，所谓"天父地母"，将天地看作包括人类在内的万物之父母。同时，"天人合一"表达了人与自然紧密相关、须臾难离的思想。《周易》就是在"天人之际"的广阔背景下来阐述天与人、乾与坤、阴与阳的关系的。《周易·系辞下》云："《易》之为书也，广大悉备。有天道焉，有人道焉，有地道焉。兼三才而两之，故六。六者非它也，三才之道也。""三才"，即指天地人。八卦的三画包含着天地人的象征，六十四卦的六画卦也象征

---

① 钱穆：《中国文化史导论》修订本，商务印书馆1994年版，第17、18页。
② 蒙培元：《为什么说中国哲学是深层生态学》，《新视野》2002年第6期。

了天地人的道理,此即天地人紧密相关、休戚与共的"三才之道"。为此,进一步要求君子需要符合于天地之道。诚如《周易·乾·文言》所说,"夫大人者,与天地合其德,与日月合其明,与四时合其序,与鬼神合其吉凶",将"与天地合其德"看成是君子的必要美德与特长。著名的"太极化生"就是阴阳混沌不分的东方式的宇宙生成图像。《周易》中的"天人合一"思想还是一种东方的生命论哲学,所谓"生生之谓易"(《周易·系辞上》)、"天地之大德曰生"(《周易·系辞下》),就是将"生命"与"生成"看作是宇宙的根本规律。

以上,《周易》所包含的人与自然的相关性、人对自然的敬畏,以及宇宙万物的生命性,恰恰符合当代生态哲学的基本内涵,说明中国古代的"天人合一"思想正是东方古典形态的生态哲学智慧。这种"天人合一"思想的生态内涵与古代希腊的"实体性"本原观、"人为万物尺度"的天人相分观以及逻各斯中心主义是有着明显区别的。

三、中国古代中和论的生态美学

在中国古代"天人合一"原始哲学观念的影响下,中国古代美学形成了一种"天人相和"的中和论美学思想。这种美学思想实际上也是一种古典形态的生态美学。

首先是一种"保合太和,乃利贞"的风调雨顺之美。中国古代生态审美智慧首先表现为对风调雨顺的期盼,这是农业为本观念的体现。所以,《周易》提出"保合太和,乃利贞"(《周易·乾·象》),并进一步认为,这就是一种"美"的表象,所谓"正位居体,美在其中,而畅于四肢,发于事业,美之至也"(《周易·

坤·文言》)。这里的"保合太和"与"正位居体"实为一义,也就是"天""地"与"人"各在其位,具体表现形态是泰卦。泰卦构成是坤上乾下,"小往大来,吉,亨"(《周易·泰》),象征着地气受热上升为云,云气冷却降而为雨,这就是天地相交、万物资生的繁茂景象,是一种至美的风调雨顺的气候。正如《礼记·中庸》对"中和"所作的解释,"致中和,天地位焉,万物育焉"。在古人看来,风调雨顺乃是万物繁茂生长以及人丰衣足食的必要条件,所以,中国民间历来都有对于"好年成"的期盼。

其次是"元亨利贞"四德的吉祥安康之美。《周易》乾卦卦辞是:"乾,元亨利贞。"这是《易经》的起始,也是《易经》的主旨,说明《周易》所追求的目标就是人民的吉祥安康,并认为这也是一种"美"的追求,所谓"'利贞'者,性情也。乾始能以美利利天下"(《周易·乾·文言》)。《周易》进一步解释道:"元者,善之长也;亨者,嘉之会也;利者,义之和也;贞者,事之干也。"(《周易·乾·文言》)由此可见,元亨利贞就是人民生活的吉祥安康,正是生态审美之中的生存之美,是中国古人追求的目标。这种美的形态与追求仍然大量保存在民间艺术之中,例如,传统年画中的"五谷丰登""年年有鱼""人畜兴旺"等。

再次是"天地氤氲,万物化生"的生命之美。中国古代"天人合一"的生命的哲学观念,表现在美学上就是一种"万物化生"的生命之美,所谓"天地氤氲,万物化醇;男女构精,万物化生"(《周易·系辞下》)。这里指天地阴阳两气交感与男女阴阳交合万物得以化育与诞生,指出了万物生命诞育繁茂的根源,是一种生命之美。《周易》还在坤卦中具体形象地描绘了阴阳相交相生诞育万物的过程,"上六,龙战于野,其血玄黄"。这里说明在坤卦上六爻位置上阴盛至极，导致阳气复归，于是象征阳气的"龙"与阴气大战于野，流出与天地之色相像的玄黄之血。这玄黄之血就是一种"氤氲"之气，是诞育万物之本。联系到《老子》所言"道生一，一生二，二生三，三生万物，万物负阴而抱阳，冲气以为和"，可知"阴阳相生，冲气以为和"正是中国古代生命论哲学观与审美观的核心。

最后是"易者像也"的借喻自然现象的绿色想象。《周易》的重要特点是凭借图像即符号来表述天地自然人生社会之意义，所谓"是故'易'者，象也；象也者，像也"（《周易·系辞下》）。这说明《周易》是借助图像符号来表述一切的，包括借助自然现象来进行想象比喻。一方面，《周易》本身借助自然现象来说明某种意义。上述以"龙战于野，其血玄黄"，即说明阴阳相交化生万物。再如，大壮卦的《象传》云"雷在天上，大壮。君子以非礼弗履"，说明雷已经在天上炸响，凡事要小心为之，人处于极盛之时更应该谨慎等。此外，《周易》还有一个比卦："比，吉也；比，辅也"（《周易·比·彖》），"地上有水，比。先王以建万国，亲诸侯"（《周易·比·象》）。中国古代文化所用的"比"是一种吉祥亲密的方法，好比水对土地的亲润，国王对诸侯的友善。这也说明，中国古代文化中所使用的比喻手法，都是以所比之物与被比之物的亲密亲近为前提的，特别在运用自然物象进行比喻时更是如此。这其实就是一种原始形态的生态的绿色的审美想象。

总之，中国古代美学是建立在"天人合一"哲学背景之上的生态的生命的美学。这一点已经被一些前辈学者所阐述。宗白华认为："凡一切生命的表现，皆有节奏和条理，《易》注谓太极至动而有条理，太极即泛指宇宙而言，谓一切现象，皆至动而有条理也,艺术之形式即此条理,艺术内容即至动之生命。至动之生命表现自然之条理,如一伟大艺术品。"①刘纲纪指出:"《周易》所讲的生命的规律也就是美的规律。这正是《周易》中许多不是讲美的思想都可具有美学意义的根本原因。"②这种生态的生命的美学与古代西方强调的"比例、对称与和谐"的物质的美学有着明显差异。

四、中国古代生态美学的艺术体现

生态美学是一种人与自然审美地和谐相处的美学形态,它不同于一般美学之处在于,在这种审美过程中人与自然不是相分的,而是一体的,构成一个紧密不分的共同体;而且,人在生态审美过程中也不是孤立静观地审视,而是如现实生活一样是在动态的时间之流中审视。因此,生态美学有一个非常重要的审美范畴,就是一般美学所没有的"家园意识"。人与自然是一种"在家"的关系,自然是家中之物,人是家中之人。人感受到一种在家的惬意,与自然万物须臾难离。中国古代"天人合一,阴阳相生"的生态美学思想具体体现了一种东方式的"家园意识",所谓"天父地母""天圆地方""万物齐一""民胞物与"等。在古代中国人眼里,整个宇宙就是人类之家,"天地人"三才意味着人与天地宇宙构筑起一个须臾难离的生存共同体。只有在这个共同体之中,人类才能够获得吉祥安康、充满生命活力的生存。这样的生态美学

---

① 宗白华:《艺术学》,《宗白华全集》第 1 卷,安徽教育出版社 1994 年版,第 548 页。
② 刘纲纪:《周易美学》,武汉大学出版社 2006 年版,第 58 页。

思想具体体现在各种艺术门类之中，形成中国传统艺术相异于西方古典艺术的独特景象。

首先，我们来看一下民间艺术。民间艺术是最具原初性与顽强生命力的。从原初性的角度看，民间艺术保留了最多的人类早期艺术与审美的痕迹；而从顽强性来说，民间艺术中的传统历经磨难而难以更改。民间艺术最直接地体现了中国先民在"天人合一"思维模式下创造的生态与生存的意蕴。民间年画、剪纸、民间小戏、民歌民谣、民间风俗等，无不如此。例如，年画中的"吉祥如意""风调雨顺"，剪纸的"金鸡高鸣""福禄寿三星"，乃至保佑百姓的各种门神等，都意味着中国古代人对于在"天地人"这一宇宙大家中获得吉祥安康生活的期许与保护这种生存方式的愿望，包含着极为丰富的生态与生存的意蕴。

其次，在中国传统绘画中最集中体现的是"气韵生动"的生命力量。"气韵生动"是南齐画家谢赫在《古画品录》中提出的首要绘画原则，也是中国古代绘画美学的主要原则。它集中体现了中国古代生态美学的生命论美学思想。"气韵生动"核心在"气"，这里的"气"是天人合一之气、阴阳相生之气、人我感应之气，当然也是诞育万物之气。这种"气"在绘画之中常常通过黑与白、浓与淡、笔与墨的对立产生出一种少有的气感与生命力。齐白石的著名的"虾图"就通过白与黑、疏与密、笔与墨等臻至化境的艺术功力与辩证对比表现出一种力透纸背的生命之力。这里的"气"还是与人密切相关之气，无论是气势磅礴的苍莽群山，还是可居可游、萦带小桥亭阁的玲珑小山，还是寓意着人的高洁品格的竹兰松等等，都渗透着"天人交感"之气。而且，中国画还是一种特有的散点透视，人随景走，景随人移，步步可观。这就将人与景、人与画联系在一起，这就是一种动感，是生命的动感。人与画的关系不是主客的冷漠的欣赏关系,而是人与画中所描述的生活情景交融的现实关系,人已经参与到画中,仿佛是画中的人物之一,在画的景中行走,成为一种生命的流动,这在西画中是没有的。中国古代的许多长卷都是如此,例如,北宋张择端的《清明上河图》,我们对这幅画的欣赏就是一种散点透视中人随景移的生命流动。这也是一种"气韵生动",是中国古代生态审美智慧的具体表现。

中国古典音乐则是一种"大乐与天地同和"以及"律和其声"的生态审美思想的体现。《礼记·乐记》提出"大乐与天地同和",说明中国古代的音乐是主要用于祭祀的,即所谓礼乐相谐。在祭祀中,巫师边舞边歌,同时配以音乐,以与上天沟通,祈求降福降雨。所谓"律和其声",即《尚书·舜典》所言"律和声",说明古乐是以音律来调节乐音使之达到谐和。"和"反映了一种古代的生命生殖的规律,即"同姓不蕃""和实生物,同则不继"的思想。《国语·郑语》记载,史伯在回答郑桓公有关"周其弊乎"的问题时说:"夫和实生物,同则不继。以他平他谓之和,故能丰长而物归之。若以同裨同,尽乃弃矣。故先王以土与金木水火杂,以成百物。是以和五味以调口,刚四肢以卫体,和六律以聪耳……"这里"以他平他谓之和",说明只有以不同乐音的组合与相配才能产生充满生命活力的美妙的音乐,即"和六律以聪耳"。相反,如果是单音的重复,即"以同裨同,尽乃弃矣",音调单调无法入耳。甲骨文"龢",据郭沫若考订,实为一种乐器"小笙",能够吹出美妙的和音,也应是多音节的和声,是和实相生之意。以上均说明,中国古代音乐思想反映了一种生态的生命的审美观念。

中国古代建筑中贯彻了"法天象地"与"阴阳相生"的"天人合一"生态智慧。"法天象地"是古代建筑的基本指导思想,说明一切建筑都应体现"天人合一"的生态理念,任何建筑都不能离开自然（天地）并与其保持一致。重大礼仪性建筑必须体现"天圆地方"观念。北京的天坛为祭天之用，所以坛体平面是圆形，象征着天；而地坛是祭地的，所以坛体平面是方形，象征着地。两者结合象征着"天圆地方"。古代天坛设于南郊，地坛设于北郊，宫城在两者之间，体现了"天地人"三才的思想。不仅如此，"法天象地"还意味着所有的建筑均需与自然（大地）相衔接，借山势水流为建筑增添生命之色。北京颐和园与承德避暑山庄均借助山水之力，为建筑增添生命活力。即便是民居，也要体现"法天象地"的观念，使人居与天地紧紧相依。"阴阳相生"是一般民居的要求，体现出民居的"阴阳之枢纽，人伦之规模"的性质，以及"居若安则家代昌"的旨归。"阴阳相生"是"实养生灵之圣法也"（《黄帝宅经》），充分说明了中国古建筑"利生"的精神实质，即所谓"故宅者，人之本"（《宅经》）。这同样是古代生态审美智慧的体现。古代民居要求背阴朝阳、背山面水、后高前低，所谓的吉宅是"住宅西南有水池，西北丘势更相宜，艮地有岗多富贵，子孙天赐有罗衣"。民居的阴阳相生，包括白与黑、房屋与天井、山与水、高与低、南与北等复杂的关系，处理好这些关系就有利于人的修养生息繁衍生长。例如，徽式建筑就较好体现了这些关系，成为我国南方长期占主导地位的房舍样式。徽式民居坐北朝南、依山傍水、高墙封闭、马头翘角、黑瓦白墙、堂室天井结合，配以三雕，典雅大方，既美观又具有防火防盗的安全性，同时，冬暖夏凉，有利于人的生息。

中国古代诗学的"风雅颂赋比兴"的"六义"之说也体现了"天人相和"的中和论生态审美智慧。"风雅颂"为诗之"异体"，即不同体裁；"赋比兴"为诗之"所用"，即不同的方法。其中，"风雅颂"实以"风"为主。所谓"风"，《说文》解释道："风，从虫，凡声。风动虫生,故虫八日而化。"由此说明,"风"是一种反映生命原初活动的诗歌,反映原生态的生命的活动,表现饮食男女,劳动与生存繁衍的基本活动与情感,是一种生命之歌。《鄘风·桑中》"期我乎桑中,要我乎上宫,送我乎淇之上矣",就直白地表现了青年男女带有人类原始性的欢会于桑中的情形,是人的生命的原初表达。"赋比兴"是古代特殊的表现手法。其中除了赋的直陈其事之外,主要是比兴。这两种手法也都与自然生态有关。《说文解字注》:"比,密也,其本义谓相亲密也。"又说:"古文比,按盖从二大也。二大者,二人也。"因此,比之本义为两人亲密相处。其在诗歌创作中是运用自然之物友好地比喻人事。例如,《周南·桃夭》开头两句"桃之夭夭,灼灼其华",以三月盛开的桃花比喻新嫁娘的美丽,是一种非常友好的比喻。"兴",《说文解字注》指出,"兴,起也,……《周礼》'六诗',曰比曰兴。兴者,托事于物",说明"兴"是借自然之物来兴起所写之人事与情感。著名的《关雎》所谓"关关雎鸠,在河之洲。窈窕淑女,君子好逑",就是借助河边鸣叫的关雎来兴起君子对淑女的追求。总之,赋比兴也是立足于人与自然友好和谐的角度的一种艺术手法。

最后,中国古代文化的核心还是君子的培养,落脚于培养参天地化育之君子。这样的君子要做到顺天地之理,与天地相和,所谓"大乐与天地同和,大礼与天地同节"(《乐记》)。儒家对君子的要求是"文质彬彬然后君子"(《论语·雍也》)。这里的"文"指外在的文采,"质"指内在的朴质。这种内外的统一,也可以扩大成"天人的统一",即"齐家治国平天下"。这里的"平天下"就是要求做到"天人合一",也就是真正掌握《周易》之理,进到知天达地的境界。《周易·系辞上》云:"《易》与天地准,故能弥纶天地之道。仰以观于天文,俯以察于地理,是故知幽明之故;原始反终,故知死生之说;精气为物,游魂为变,是故知鬼神之情状。与天地相似,故不违;知周乎万物而道济天下,故不过;旁行而不流,乐天知命故不忧;安土敦乎仁,故能爱。范围天地之化而不过,曲成万物而不遗,通乎昼夜之道而知,故神无方而《易》无体。"对于这样的境界,冯友兰将其概括为"天地境界"。他说,人的境界有自然境界、功利境界、道德境界与天地境界,天地境界是超乎社会整体之上的宇宙的境界,"他不仅是社会的一员,同时还是宇宙的一员。他是社会组织的公民,同时还是孟子所说的'天民'。有这种觉解,他就为宇宙的利益做各种事"。① 这种"天人境界"就是自觉地以"天人合一"、维护生态的平衡为己任的崇高境界,正是中国生态哲学与生态美学所要达到的目标。

五、中国古代生态美学在中西美学对话及当代美学建设中的作用

从 20 世纪后期开始,人类社会进入包括生态文明在内的后现代时代。后现代的重要特征,除了对现代性的反思与超越,就是在一定程度上对前现代文化成果的挖掘与重新发现。即使是"解构性"的后现代代表人物,如德里达、福柯与德勒兹等,都从对西方古代文化、特别是对古代民间文化"知识考古学"式的深挖中,发掘出一系列新的思想资源,运用于当代。那么,同样作为人类轴心时代的中国先秦时期,不是也可以从中发掘出若干新的有价值的思想资源吗? 我想,这些资源就应该包括"天人合一"与

---

① 冯友兰:《中国哲学简史》,涂又光译,北京大学出版社 1985 年版,第390 页。

"阴阳相生"的生态的生命的哲学思想与"保合太和""四德之美""气韵生动""大乐与天地同和""天地境界"的美学思想,通过将其改造运用于今天的文化与美学建设。

首先是运用这种生态的生命的美学与西方美学进行对话。从中西美学比较的角度来看,发端于古希腊、成熟于启蒙运动的西方和谐论古典美学当然有其重要价值与地位,但中国古代的这种"天人合一""保合太和"的生态的生命的美学也应有其特殊的价值与地位。尽管这种中和论美学带有明显的"非逻辑性",但这种宏阔的"中和之美"与西方的理性主义的物质的"和谐之美"相比却具有另一种自洽性、合理性与魅力,这是毋庸置疑的,从而也矫正了几百年来西方学者对中国古代美学的"误读",也是对鸦片战争以来的某种民族虚无主义的一种回应。即便从当代国际美学建设的角度,中国古代的"天人合一"与"保合太和"的生态的生命的美学也应有自己特殊的位置与价值。众所周知,目前国际学术界流行一种环境美学,无疑,这是对于既往"艺术美学"的一种补正,具有自己特有的价值与意义。但环境美学仍然是发源于西方学术土壤的美学形态,有其自身的局限性,这些局限性恰恰在中国古代生态的生命的美学中得到矫正。从知识背景来看,环境美学诞生于西方学术理性主义学术背景之上,其直接发展尽管是1966年美学家赫伯恩所写《当代美学及对自然美的忽视》,但其发源却是西方理性主义美学。正如当代环境美学家卡尔松所言:"环境美学的历史,源于18世纪以来审美概念的发展和康德对于该概念的经典论述。"①当然,更早还应追述到古希腊逻各斯中心

---

① [加]艾伦·卡尔松:《自然与景观》,陈李波译,湖南科学技术出版社2006年版,第2页。

主义传统,甚至与分析美学都有着紧密的关系。瑟帕玛在其《环境之美》一书中就声明:"我这本书的目标是从分析哲学的基础出发对环境美学领域进行一个系统化的勾勒。""第二个问题组是关于元批评的:环境如何被描述?"①这说明分析哲学与美学及其描述的方法仍然是环境美学的学术出发点之一。中国的生态美学却是直接源于中国古代《周易》的"天人合一"思想。正因此,这两种美学形态就在其内涵上有着本质的区别。在人与对象的关系上,环境美学没有完全摆脱人与自然的对立,它所谓的环境是:"环境围绕我们(我们作为观察者位于它的中心),我们在其中用各种感官进行感知,在其中活动和存在。问题在于感知者和外部的关系,就算没有感知者,外部世界依然存在。"②这显然没有摆脱人类中心主义与主客二分思维模式。作为生态美学哲学前提的"天人合一"恰是一种敬畏自然、主客混合的哲学思维。从美学范式的角度,西方环境美学有一种极为重要的"自然全美"的观念,卡尔松将之称为"肯定性美学"。这种美学观是一种典型的生态中心论思想,其根本缺陷在于忽略了人的存在与价值。而中国古代的"天人合一"的生态与生命美学则是"天地人"三才之学,是一个三者须臾难离的生态系统之美,比这种单方面的"自然全美"更加符合实际并具有人文精神。环境美学的另一个特点是对于认知途径的强调,突出了地理学、生物学与生态学知识的"中心位置"及其"塑造"作用。这就在一定程度上离开了情感的审美的大

---

① [芬]约·瑟帕玛:《环境之美》,武小西、张宜译,湖南科学技术出版社 2006 年版,《环境之美:环境美学的一个一般模型》。

② [芬]约·瑟帕玛:《环境之美》,武小西、张宜译,湖南科学技术出版社 2006 年版,第 23 页。

道,已经遭到西方同行学者的质疑。而中国古代"天人合一"的生态美学却是一种充满古典"仁爱"精神的人文主义,是一种以仁心与修养去感受天地精神的禀赋。

总之,中国古代"天人合一"的生态的生命的美学在与西方美学,特别是西方环境美学的对话中的确有其特殊的价值。而且,这种生态的生命的美学之中蕴含的浓厚的民族色彩,使得这种美学与艺术形态更加易于被普通中国百姓所接受。

当然,中国古代"天人合一"的生态的生命的美学还应该参与到当代中国美学建设的对话当中,应该运用这一思想与中国当代美学,与流行一时的实践美学对话,与实践美学的"人化自然""工具理性"对话。在对话中取长补短,使得实践美学中的"人类中心主义"色彩得以补正,也使"天人合一"之中的某些违背科学的甚至是迷信的因素得以矫正,从而建设新时代的具有民族精神、中国特色的美学形态。

试论中国传统绘画艺术中
所蕴含的生态审美智慧

（参见第五卷《生态美学导论》第 281 页）